U0064565

費曼物理學講義 I
力學、輻射與熱
6 波

The Feynman Lectures on Physics
The New Millennium Edition
Volume 1

By Richard P. Feynman,
Robert B. Leighton, Matthew Sands

田靜如、師明睿　譯
高涌泉　審訂

The Feynman

費曼物理學講義　I
力學、輻射與熱

6 波　　目錄

The Feynman

費曼物理學講義 I
力學、輻射與熱

目錄

1 基本觀念

2　力學

中文版前言

The Feynman

第47章

聲音與波動方程式

47-1 波

在這一章，我們所要討論的是**波**的現象。這個現象出現在物理學的很多情況中，因此我們應該關注它，不僅是為了此處所要考慮的聲音這個特別例子，也是因為這點子在物理一切領域中具有廣泛的應用。

我們之前在研究諧振子（harmonic oscillator）的時候曾經指出，振盪系統除了有力學的例子，而且還有電學例子。波和振盪系統也互相關聯，兩者的差別是波的振盪不僅是出現在某一定點的時間振盪，而且還會在空間中傳播。

在我們其實已經研究過波。我們在研究光的時候，在學習光波的性質之時，我們曾特別專注來自不同位置光源、具有同樣頻率的幾個波在空間中的干涉。有兩種重要的波現象，我們尚未討論到，它們發生在光（也就是電磁波）以及在任何其他形式的波之中。第一種現象是**波在時間中的干涉**，而不是在空間中的干涉。假設我們有兩個聲源，它們的頻率稍微不同，如果我們同時聆聽兩者，有時候兩個波峰同時到達，而有時則是一個波峰和一個波谷一起來（見圖 47-1）。這會使得聲音變大或變小，這種現象即是**拍**（beat），亦即，波在時間上的干涉。第二種現象所涉及的是，當波局限在固定的體積內，在牆之間反射過來又反射過去所造成的圖樣。

當然，這些效應以前在討論電磁波的例子時就可以介紹。我們沒有如此做的理由是，由於只使用一個例子，因此不會產生一種我們實際上是同時在學習許多不同的主題的感覺。為了要強調在電動力學以外，波有廣泛應用，我們在這裡考慮一個不同的例子，特別是聲波。

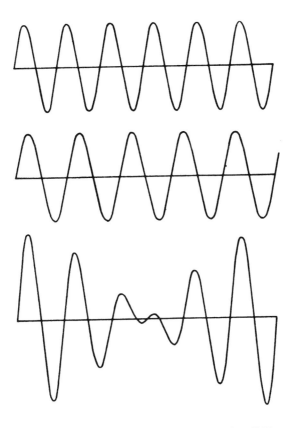

圖 47-1 兩個頻率稍微不同的聲源之時間干涉，形成了拍音。

　　波的其他例子有：我們所看到衝向海岸、由長浪構成的水波，或是比較小型的、由表面張力漣波構成的水波。另一個例子是存在於固體中的兩種彈性波：第一種是壓縮波（或稱爲縱波），其中的固體粒子在沿著波傳播的方向上來回振盪（在氣體中的聲波就屬於此種）；第二種是橫波，其中的固體粒子在垂直於波傳播的方向上振盪。地震波包含這兩種彈性波，是由地殼某處的運動所產生的。

　　在近代物理中，還發現了波的其他例子。這些波可以告訴我們

在某個地方找到一個粒子的機率幅是什麼，它們也就是我們已經討論過的「物質波」。這些波的頻率與能量成正比，而它們的波數與動量成正比。這些就是量子力學的波。

在這一章，我們將只討論波速與波長無關的波。譬如說，真空中的光就是這樣。無線電波、藍光、綠光或是任何其他波長的速率都相同。因為具有這種性質，在我們開始說明波的現象時，我們最初沒有注意到波的傳播。反之，我們說，假如有電荷在某個地方運動，那麼在距離為 x 之處的電場與那個電荷的加速度成正比，但不是在時間 t 的加速度，卻是在較早的時間 $t - x/c$ 的加速度。因此，假如我們去想像，在某一瞬間空間中的電場的模樣，如圖 47-2 所示那般，那麼在 t 時刻之後的電場，會如圖中所示般的移動距離 ct。在數學上，我們可以說，在我們所選的一維例子中，電場是 $x - ct$ 的函數。我們看到了，在 $t = 0$ 時，它是 x 的函數。如果我們考慮稍後某時刻，我們只需要增加 x 一些，就能得到同樣的電場

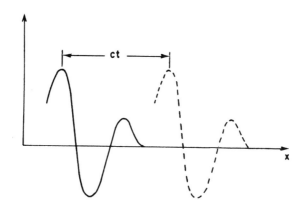

圖 47-2　實線表示在某一瞬間電場可能的樣子，虛線表示在 t 時刻之後電場的樣子。

大小。舉例來說，假如時間 t 等於零，在 $x = 3$ 之處有最大的電場，那麼要找到時間爲 t 時最大電場的新位置，我們需要

$$x - ct = 3 \quad 或 \quad x = 3 + ct$$

我們看到了，這種函數代表波的傳播。

　　所以，這樣的函數，$f(x - ct)$，就代表波。我們可以把這種對於波的描述扼要說成

$$f(x - ct) = f(x + \Delta x - c(t + \Delta t))$$

其中 $\Delta x = c \Delta t$。當然，還有另外一種可能性，也就是，把圖 47-2 所示在左側的波源，用在右側的波源來代替，所以，波是向著負 x 的方向傳播。那麼波就可以描寫成 $g(x + ct)$。

　　除此之外，還再有一個可能性：在同一時間，空間中有兩個波，因此電場是兩個場的和，而每一個波都獨立傳播。電場的這種性質可以描寫成：如果 $f_1(x - ct)$ 是其中一個波，而 $f_2(x - ct)$ 是另外一個波，那麼它們的和也是一個波。這就稱爲疊加原理。同樣的原理也適用於聲音。

　　我們相當熟悉以下事實：如果有聲音產生了，我們能夠精確聽到聲音的順序，就和它產生時的順序一樣。假如高頻率的聲波比低頻率的聲波走得快，那麼一個短促、尖銳的噪音聽起來就會像是一連串樂音。同樣的，假如紅光跑得比藍光快，那麼一道白色閃光出現時，我們就會首先看到紅光，然後是白光，最後是藍光。我們都很清楚實際情況並不是如此。聲音和光，兩者在空氣中都幾乎是以和頻率無關的速率進行。那種波速與頻率有關的例子，我們將在第 48 章討論。

　　在光（電磁波）的例子裡，我們說明了電荷的加速度如何決定

某處電場的規則。有人可能期待，我們現在應該做的就是定下規則，使得空氣的某些性質，比如壓力，可以取決於某個距離之外的波源在推遲時間的運動，而推遲時間來自聲音旅行的時間。在光的例子，這個步驟是可接受的，因為我們所知的一切就是，在某個位置的電荷施力於在另一個位置的另一個電荷。而如何從一個位置傳播到另一個位置的細節，並不是絕對重要。

　　然而，在聲音的例子，我們知道聲音從聲源經過空氣傳播到聽者，我們自然會問一個問題，就是在任何時刻，空氣的壓力為何。此外，我們也想知道，空氣實際上是怎樣移動的。在電的情況，我們能夠接受規則，因為我們可以說，我們尚不瞭解電學定律，但是對於聲音，我們就不能再用同樣的說法了。對於只規定聲壓如何通過空氣的規則，我們絕對不會感到滿意，因為過程應該可以理解為力學定律的結果。簡單講，聲學是力學的分支，所以要用牛頓定律來瞭解。聲音從一個地方傳播到另外一個地方，只是力學和氣體性質的結果（如果聲音是在氣體中傳播的話），或是力學與液體以及固體的性質的結果（假如聲音是在這些介質中傳播）。稍後，我們會以類似的方法，從電動力學定律推導出光的性質與光波的傳播。

47-2 聲音的傳播

　　我們現在用牛頓定律來推導，傳播於聲源和接收者之間聲波的性質，我們將不考慮聲源和接收者**之間**的交互作用。通常，我們多半只是強調結果，而不考慮某個特別推導的方法。而在這一章，我們則是恰好相反。在某種意義上，這裡的重點就是推導本身。在我們已經知道了舊現象的定律以後，如何用舊現象來解釋新現象的問題，可能是數學物理最偉大的工作。對數學物理學家來說，有兩類

問題：一類是找出已知方程式的解；另一類則是找出可以描述新現象的方程式。此處的推導，則是第二類問題的例子。

在這裡，我們將舉最簡單的例子 —— 就是聲音在一維空間的傳播。要完成這樣的推導，首先必須要對於所要發生的情況，有一些理解。基本上，所牽涉的是，假使一個物體在空氣中某處運動，我們注意到，就出現一種擾動穿過空氣。如果我們問是什麼樣的擾動，我們會說，我們預期物體的運動會產生壓力的改變。當然，假如物體只是緩慢移動，空氣僅會從物體的周圍流過，但是我們關心的是快速運動所引起的擾動，以致於沒有足夠的時間讓空氣如此流過。那麼，在運動的同時，空氣被壓縮，壓力因此改變，進而衝擊更多的空氣。這些空氣又受到壓縮，再導致額外的壓力，於是波就傳播下去。

現在，我們要用數學來描述這樣的過程。我們必須決定需要哪些變數。在這個特別的問題中，我們需要知道空氣移動了多少，所以聲波中空氣的**位移**當然是一個重要的變數。此外，我們也需要描述當空氣的位置變化時，它的**密度**如何改變。空氣的**壓力**也會改變，所以這是另外一個我們感興趣的變數。然後是，空氣當然具有速度，因此我們必須說明空氣粒子的**速度**。空氣粒子也有**加速度** —— 但是在我們列出了那麼多變數以後，應該可以立刻體認到，假如我們知道了空氣**位移**如何隨時間變化，也就知道了速度與加速度。

就像我們所說的，我們將只考慮一維空間的波。假如我們離波源夠遠，使得我們所稱的**波前**幾乎接近於平面，我們就可以這麼做。這個最簡單的例子可以簡化我們的論證。因為在這種情況之下，我們可以說，位移 χ 只隨著 x 與 t 改變，而不會隨著 y 和 z 而變。所以我們用 $\chi(x, t)$ 來描述空氣。

這樣的描述是否是完備的？答案似乎是這個描述離完備還差了

很遠，因為我們完全不知空氣分子的任何運動細節。空氣分子朝所有方向運動，這狀況絕對不能夠只用 x(x, t) 這個函數來描述。從分子運動論的觀點來說，假如某個地方的分子密度比較高，而相鄰的地方的分子密度比較低，分子便會從密度較高的地方移向密度較低的地方，因此這個密度上的差異就可以平衡掉。顯然這種情況不會形成振盪，因此就沒有聲音。想要獲得聲音的必要條件是：當分子從較高密度與較高壓力的區域衝出來時，會把動量傳給鄰近密度較低區域的分子。要產生聲音，密度與壓力發生改變的區域必須要遠大於分子在和其他分子碰撞之前所行進的距離。這個距離就是平均自由徑（mean free path），而壓力的波峰和波谷之間的距離，必須要比這個平均自由徑大很多。否則，分子可以自由的從波峰移動到波谷，會立刻把波抹平。

顯然我們將要在大於平均自由徑的尺度上，來說明氣體的行為，因此氣體的性質將不會用個別分子的行為來說明。例如，我們談論的位移將會是小量氣體的質量中心的位移，而壓力或是密度則是這個區域的壓力或密度。我們將稱壓力 P，稱密度 ρ，它們都是 x 和 t 的函數。我們必須記住，這個描述只是一種近似，只有在這些氣體性質不會隨著距離而快速改變的情況下，才能夠成立。

47-3 波動方程式

因此聲波現象的物理，涉及三個特點：

I. 氣體移動而改變密度。
II. 密度改變相當於壓力改變。
III. 壓力的差異造成氣體移動。

讓我們先來考慮 II。對於氣體、液體或是固體，壓力是密度的某種函數。在聲波到達以前，我們有一個平衡狀態，壓力是 P_0，相對的密度是 ρ_0。介質中的壓力 P 藉著某種特性關係 $P = f(\rho)$ 與密度相連，尤其是平衡壓力 P_0 等於 $P_0 = f(\rho_0)$。聲音中的壓力與平衡值的差異微乎其微。表示壓力大小的適宜單位是巴（bar），此處 1 巴 = 10^5 牛頓／平方公尺。1 標準大氣壓力非常接近於 1 巴：1 大氣壓（atm）= 1.0133 巴。關於聲音的強度，我們以一般強度的對數來說明，因為耳朵對於聲音強度的敏感度大略是對數形式的。這個對數尺度即是分貝尺度，在這個尺度中，壓力振幅 P 的聲壓級（acoustic pressure level）定義為

$$I\,(\text{聲壓級}) \;=\; 20\,\log_{10}(P/P_{\text{ref}}) \text{ 分貝} \qquad (47.1)$$

這裡的參考壓 $P_{\text{ref}} = 2 \times 10^{-10}$ 巴。壓力振幅 $P = 10^3 P_{\text{ref}} = 2 \times 10^{-7}$ 巴* 相當於 60 分貝的聲音，約是中等強度。我們可以看出，與平衡的（也就是平均的）1 大氣壓相較，聲音的壓力變化非常小。因此相關的位移與密度變化，也就極其微小。爆炸時產生的聲音，就不會只有這麼小的變化；所增加的壓力可以比 1 大氣壓大很多。這些巨大的壓力變化會引起新的效應，我們以後面再來考慮。至於聲音，我們並不常考慮超過 100 分貝的聲強級（acoustic intensity level）；120 分貝這種等級的聲音會很刺耳。所以，對於聲音，如果我們把它寫成

---

*原注：選擇這樣的 P_{ref}，P 不是聲波中的峰值壓力，而是「方均根」壓力，「方均根」壓力等於 $1/(2)^{1/2}$ 乘上峰值壓力。

$$P = P_0 + P_e, \qquad \rho = \rho_0 + \rho_e \tag{47.2}$$

則壓力變化 P_e 和壓力 P_0 相較，就非常小，而密度變化 ρ_e 和密度 ρ_0 相較，也是非常小。因此

$$P_0 + P_e = f(\rho_0 + \rho_e) = f(\rho_0) + \rho_e f'(\rho_0) \tag{47.3}$$

此處 $P_0 = f(\rho_0)$，而 $f'(\rho_0)$ 則代表 $f(\rho)$ 在 $\rho = \rho_0$ 的導數。在這個等式中，第二個（右邊的）等式之所以成立，只因為 ρ_e 非常小。用這種方法，我們得到壓力變化 P_e 與密度變化 ρ_e 成正比，我們可以稱這個比例因子為 κ：

$$P_e = \kappa\rho_e, \; 此處 \; \kappa = f'(\rho_0) = (dP/d\rho)_0 \qquad \text{(II)} \tag{47.4}$$

因此，關於 II，我們所需要的關係非常簡單。

　　現在，我們來考慮 I。我們假設沒有受到聲波擾動的那一部分空氣的位置是 x，且在時間 t 因為聲音而造成的位移是 $\chi(x, t)$，因此它的新位置就是 $x + \chi(x, t)$，如同圖 47-3 所表示的一樣。鄰近部分的空氣，在沒有受到擾動時的位置是 $x + \Delta x$，而它的新位置則是 $x + \Delta x + \chi(x + \Delta x, t)$。我們現在可以用下面的方法來找出密度的變化。由於我們只考慮平面波，因此我們可以選取一個垂直於 x 方向的單位面積，x 方向也是聲波傳播的方向。因此在 Δx 中，每單位面積的空氣量是 $\rho_0 \Delta x$，這裡的 ρ_0 是未被擾動、也就是在平衡狀態的空氣密度。這些空氣，在被聲波移動位置以後，現在是位於 $x + \chi(x, t)$ 和 $x + \Delta x + \chi(x + \Delta x, t)$ 之間，所以在這個間隔內，與在未被擾動時的 Δx 區間內，具有同樣數量的物質。假如 ρ 是新的密度，那麼

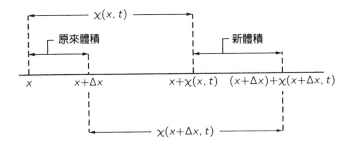

圖 47-3　空氣在 x 處的位移是 $\chi(x, t)$，在 $x + \Delta x$ 處的位移是 $\chi(x + \Delta x$, $t)$。平面波單位面積上的空氣，原來體積是 Δx，新的體積是 $\Delta x + \chi(x + \Delta x , t) - \chi(x, t)$。

$$\rho_0\, \Delta x = \rho[x + \Delta x + \chi(x + \Delta x, t) - x - \chi(x, t)] \quad (47.5)$$

因爲 Δx 很小，我們可以寫成 $\chi(x + \Delta x,\ t) - \chi(x,\ t) = (\partial\chi/\partial x)\, \Delta x$。這個微分是一個偏微分，因爲 χ 同時是時間與 x 的函數。我們的方程式於是就變成

$$\rho_0\, \Delta x = \rho\left(\frac{\partial \chi}{\partial x}\, \Delta x + \Delta x\right) \quad (47.6)$$

或是

$$\rho_0 = (\rho_0 + \rho_e)\frac{\partial \chi}{\partial x} + \rho_0 + \rho_e \quad (47.7)$$

由於聲波中的所有變化都很小，所以 ρ_e 很小、χ 很小、$\partial\chi/\partial x$ 也很小。因此從剛才找到的關係式，我們得到

$$\rho_e = -\rho_0 \frac{\partial x}{\partial x} - \rho_e \frac{\partial x}{\partial x} \qquad (47.8)$$

和 $\rho_0(\partial x/\partial x)$ 比較，我們可以忽略 $\rho_e(\partial x/\partial x)$，因此，對於 I 我們就得到了所需的關係：

$$\rho_e = -\rho_0 \frac{\partial x}{\partial x} \qquad \text{(I)} \qquad (47.9)$$

這個方程式也是我們在物理上所預期的。假如位移 x 隨著 x 改變，那麼密度也會跟著改變。公式中的正負號也是對的：如果位移 x 隨著 x 增加，則空氣是被拉開的，因此密度必定變小。

　　我們現在需要第三個方程式，就是壓力所造成的運動的方程式。假如我們知道力與壓力的關係，那麼就可以得到運動方程式。假設我們選取一薄片的空氣，厚度是 Δx，垂直於 x 方向的面積是單位面積，那麼在這個薄片中空氣的質量是 $\rho_0 \Delta x$，它所具有的加速度是 $\partial^2 x/\partial t^2$，因此質量乘上這薄片空氣的加速度就是 $\rho_0 \Delta x(\partial^2 x/\partial t^2)$。（對於很小的 Δx 來說，從薄片的邊緣或是中間某個部位取加速度 $\partial^2 x/\partial t^2$ 的值，都沒有什麼不同。）假如現在找到了這些空氣在垂直於 x 的單位面積上所受的力，那麼它會等於 $\rho_0 \Delta x(\partial^2 x/\partial t^2)$。因此在 x 位置上，有一個正 x 方向的力，每單位面積上，這個力的大小是 $P(x, t)$。同樣的，在 $x + \Delta x$ 的位置，也有一個力，它的方向相反，而每單位面積上這個力的大小則是 $P(x + \Delta x, t)$（見圖 47-4）：

$$P(x, t) - P(x + \Delta x, t) = -\frac{\partial P}{\partial x} \Delta x = -\frac{\partial P_e}{\partial x} \Delta x \qquad (47.10)$$

因為 Δx 很小，而且因為 P 唯一會改變的部分是 P_e。我們就得到 III：

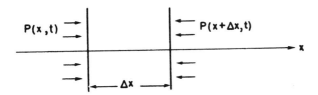

圖 47-4　壓力作用在垂直於 x 的單位面積，所產生的正 x 方向淨力是
$-(\partial P/\partial x)\,\Delta x$ 。

$$\rho_0 \frac{\partial^2 x}{\partial t^2} = -\frac{\partial P_e}{\partial x} \quad \text{(III)} \qquad (47.11)$$

如此我們就已經擁有了足夠的方程式來把東西連在一起，而且可以
減少到只剩一個變數，就是 x。我們可以把 II 代進 III 中消去 P_e，
因此我們得到

$$\rho_0 \frac{\partial^2 x}{\partial t^2} = -\kappa \frac{\partial \rho_e}{\partial x} \qquad (47.12)$$

然後我們可以用 I 消去 ρ_e。這樣，我們就可以發現 ρ_0 互相抵消，
而且，我們就只剩下了

$$\frac{\partial^2 x}{\partial t^2} = \kappa \frac{\partial^2 x}{\partial x^2} \qquad (47.13)$$

現在稱 $c_s^2 = \kappa$ ，我們就有

$$\frac{\partial^2 x}{\partial x^2} = \frac{1}{c_s^2} \frac{\partial^2 x}{\partial t^2} \qquad (47.14)$$

這就是波動方程式，描述了聲音在物質中的行為。

47-4　波動方程式的解

　　現在我們來看看，這個方程式是否可以描述物質中聲波的主要性質。我們想要推導出，一個聲脈衝，或是擾動，會以固定的速度前進。我們也想證實，兩個不同的脈衝能夠穿過彼此 —— 此即疊加原理。我們也要證明，聲音可以向右或是向左進行。這些性質應該全部包含在這一個方程式之中。

　　我們曾談到，以固定速度 v 前進的任何平面波，都有 $f(x - vt)$ 的形式。現在我們必須檢驗 $\chi(x, t) = f(x - vt)$ 是不是波方程式的解。我們計算 $\partial\chi/\partial x$，得到函數 f 的導數，$\partial\chi/\partial x = f'(x - vt)$。再微分一次，我們得到

$$\frac{\partial^2 \chi}{\partial x^2} = f''(x - vt) \tag{47.15}$$

　　同一個函數對 t 微分，會得到 $-v$ 乘上函數 f 的導數，也就是 $\partial\chi/\partial t = -v f'(x - vt)$，而二次時間微分是

$$\frac{\partial^2 \chi}{\partial t^2} = v^2 f''(x - vt) \tag{47.16}$$

顯然，如果波速度 v 等於 c_s，$f(x - vt)$ 就滿足波動方程式。

　　因此，我們根據**力學定律**，發現任何聲音都是以速度 c_s 傳播，此外，我們還發現

$$c_s = \kappa^{1/2} = (dP/d\rho)_0^{1/2}$$

所以，**我們已經把波速度與介質的性質連接在一起。**

　　假如我們考慮一個反向前進的波，則 $x(x, t) = g(x + vt)$，很容易可以看出，這樣的擾動也滿足波動方程式。這樣的波，和從左到右的波，兩者間唯一的差異是 v 的正負號，但是無論我們在函數中用 $x + vt$ 或 $x - vt$ 當作變數，都不會影響到 $\partial^2 x / \partial t^2$ 的正負號，因為它只涉及 v^2。於是我們找到的解是向右或向左以速度 c_s 前進的波。

　　疊加的問題是非常有趣的問題。如果我們已找到波動方程式的一個解，比如說是 x_1，意思是，x_1 對 x 的二次微分，等於 $1/c_s^2$ 乘上 x_1 對 t 的二次微分。任何其他的解 x_2 當然也具有同樣的性質。如果我們把這兩個解疊加起來，得到

$$x(x, t) = x_1(x, t) + x_2(x, t) \qquad (47.17)$$

我們希望能夠證明，$x(x, t)$ 也是一個波，也就是，x 也滿足波動方程式。這個結果很容易證明，因為我們有

$$\frac{\partial^2 x}{\partial x^2} = \frac{\partial^2 x_1}{\partial x^2} + \frac{\partial^2 x_2}{\partial x^2} \qquad (47.18)$$

而且，還有

$$\frac{\partial^2 x}{\partial t^2} = \frac{\partial^2 x_1}{\partial t^2} + \frac{\partial^2 x_2}{\partial t^2} \qquad (47.19)$$

因此 $\partial^2 x / \partial x^2 = (1/c_s^2) \partial^2 x / \partial t^2$。如此我們證實了疊加原理。疊加原理的證明來自波動方程式是 x 的**線性**方程式這件事。

　　我們現在能夠預期，朝 x 方向傳播的平面光波，若電場是在 y 方向，則這種波會滿足波動方程式

$$\frac{\partial^2 E_y}{\partial x^2} = \frac{1}{c^2} \frac{\partial^2 E_y}{\partial t^2} \tag{47.20}$$

此處的 c 是光速。這個波動方程式是馬克士威方程式的結果之一。我們可以從電動力學方程式推導出光的波動方程式，就像是可以從力學方程式推導出聲音的波動方程式。

47-5 聲 速

在聲波方程式的推導中，我們也得到一個**公式**，把波速與壓力在正常氣壓下隨密度而變的變化率，連在一起：

$$c_s^2 = \left(\frac{dP}{d\rho}\right)_0 \tag{47.21}$$

在計算這個變化率時，重要的是，要知道溫度是怎樣變化的。我們預期，在聲波中，壓縮區域的溫度將會上升，而在稀薄區域的溫度則會下降。

牛頓是計算出壓力相對於密度的變化率的第一人，他假設了，溫度會保持不變。他說，熱以很高的速率從一個區域傳導到另外一個區域，溫度根本沒有機會上升或是下降。這個推論所提供的是等溫聲速，但這個結果卻是錯誤的。正確的推論後來由拉普拉斯（Pierre-Simon de Laplace）提出，他提出相反的觀念——在聲波中，壓力與溫度的變化屬於絕熱變化。只要波長能夠保持比平均自由徑還要長，從壓縮區域到稀薄區域的熱流動可以忽略。在這種情況下，聲波中的小量熱流動不會影響速率，雖然它會少量吸收聲音的能量。我們可以正確的預期，在波長接近於平均自由徑時，這種吸

收會增加，但是這些波長和可以聽到聲音的波長相比，大約只是後者的百萬分之一。

聲波中壓力隨著密度的實際變化，是一種不容許熱流動的變化。這相當於絕熱變化，對於這種變化，我們知道 PV^γ = 常數，此處的 V 是體積。因為密度 ρ 和體積成反比，因此，P 和 ρ 之間的絕熱關係是

$$P = \text{常數}\,\rho^\gamma \tag{47.22}$$

從這個關係，我們得到 $dP/d\rho = \gamma P/\rho$。那麼我們就得到了聲速的關係

$$c_s^2 = \frac{\gamma P}{\rho} \tag{47.23}$$

我們也可以把這個關係寫成 $c_s^2 = \gamma PV/\rho V$，並且代入 $PV = NkT$ 的關係。此外，我們知道，ρV 是氣體的質量，可以表示成 Nm，或者是 μ，此處 m 是一個分子的質量，而 μ 則是分子量。用這種方法，我們發現，

$$c_s^2 = \frac{\gamma kT}{m} = \frac{\gamma RT}{\mu} \tag{47.24}$$

由此看出，顯然聲速只取決於氣體溫度，而和壓力或是密度沒有關係。我們之前也知道，

$$kT = \tfrac{1}{3}m\langle v^2 \rangle \tag{47.25}$$

這裡 $\langle v^2 \rangle$ 是分子的方均速率。如此，$c_s^2 = (\gamma/3)\,\langle v^2 \rangle$，也就是

$$c_s = \left(\frac{\gamma}{3}\right)^{1/2} v_{平均} \qquad (47.26)$$

這個方程式說明，聲速大約等於 $1/(3)^{1/2}$ 乘上分子的某個平均速率 $v_{平均}$（方均速度的平方根）。換句話說，聲速和分子速率有相同的數量級，只是實際上聲速比分子平均速率小一些。

當然，我們可以預期會有這樣子的結果，因為像壓力的變化這種擾動，終究是由分子運動來傳播。然而，這樣的論證無法告訴我們精確的傳播速率；因為結果也可能是聲音主要是由最快的分子或最慢的分子傳遞。所以我們能夠發現，聲速大約是平均分子速率 $v_{平均}$ 的 $\frac{1}{2}$ 這件事，其實是合理且令人滿意的

第48章 | 拍

48-1 兩波相加

前不久，我們曾經仔細討論過光波的性質，以及彼此的干涉──也就是，來自不同波源的兩個波的疊加效應。在這些分析中，我們當時假設兩個波源的頻率是相同的。在本章，我們將要討論來自兩個**不同**頻率波源的波的干涉現象。

很容易猜得到會發生什麼情況。跟先前同樣做法，假設我們有頻率、振幅相同的兩個振盪源，把相位調節成，兩者的訊號以同相到達某一個 P 點。在那一個點，假如是光，光度非常強；假如是聲音，音量非常大；或者假使是電子，會有許多電子到達。另一方面，如果到達的兩個訊號彼此 $180°$ 異相，我們在 P 點就得不到訊號，因為那裡的淨振幅是最小值。現在假設，有人旋轉了其中一個波源的「相位旋鈕」，來回調整在 P 點的相位，譬如說，先調到 $0°$，然後 $180°$ 等等。當然，我們會知道訊號強度的淨值在改變。我們也得知，假如某個波源相對於另一個波源的相位逐漸改變，而且是均勻的改變，剛開始在零，慢慢增加到 10、20、30、40 度……等等，那麼此時在 P 所測量到的將是一連串高低起伏的「脈動」（pulsation），因為當相位變化從 $0°$ 走到 $360°$，振幅又回到最大值。當然，所謂「一個波源相對於另外一個波源均勻改變相位」，等於是說，兩者的每秒振盪數稍微不同。

我們知道答案了：如果有頻率稍微不同的兩個波源，我們會看到，淨結果是一個振盪，其強度慢慢起伏上下。這就是本章主題的精髓。

這個結果應該很容易寫成數學公式。假如我們有兩個波，暫時不考慮彼此在空間的關係，只是分析一下到達 P 點是什麼狀況。比

如說，從一個波源，我們有 cos $\omega_1 t$，而另外一個波源是 cos $\omega_2 t$，這裡的兩個 ω 並不完全相同。當然振幅也可能不一樣，但是我們稍後再來解一般（振幅不等的）問題。我們首先來振幅相等的情況，在 P 的總振幅是這兩個餘弦的和。我們把波的振幅相對於時間畫成圖，就像圖 48-1 所表示的，可以看出，在波峰重疊處我們得到一個強波，而在波谷和波峰重疊的地方，我們所得到的實際上等於零，然後在波峰再重疊時，又再次得到一個強波。

數學運算上，我們只需要把兩個餘弦相加，把結果稍微重新排列即可。兩個餘弦之間的關係有些公式很好用，要推導出來並不難。當然我們知道，

$$e^{i(a+b)} = e^{ia}e^{ib} \tag{48.1}$$

也知道 e^{ia} 有一個實部 cos a，和一個虛部 sin a。假如我們選取

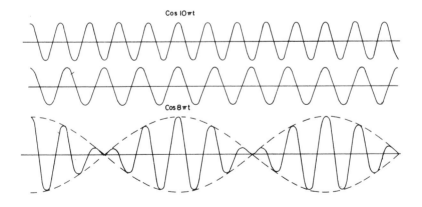

圖 48-1　兩個頻率比為 8:10 的餘弦波之疊加。這裡的圖樣準確在每個「拍音」之內重複，並非典型的一般情況。

$e^{i(a+b)}$的實部，會得到 cos $(a + b)$。如果展開：

$$e^{ia}e^{ib} = (\cos a + i \sin a)(\cos b + i \sin b)$$

我們得到 cos a cos b − sin a sin b，加上一些虛部。但是我們現在只需要實部，所以我們有

$$\cos (a + b) = \cos a \cos b - \sin a \sin b \qquad (48.2)$$

現在，如果我們改變 b 的正負號，其餘弦的正負號不會改變，但是其正弦的正負號就會變號，那麼同樣的方程式，在負 b 的情形下，則是

$$\cos (a - b) = \cos a \cos b + \sin a \sin b \qquad (48.3)$$

如果我們把這兩個方程式加在一起，可以去掉正弦，我們就知道，兩個角度的餘弦其乘積等於「兩個角度和的餘弦」的一半，加上「兩個角度差的餘弦」的一半：

$$\cos a \cos b = \tfrac{1}{2} \cos (a + b) + \tfrac{1}{2} \cos (a - b) \qquad (48.4)$$

現在我們也可以反向推導這公式，只要用 $\alpha = a + b$ 和 $\beta = a - b$ 代換，就能夠找到 cos α + cos β 的公式。也就是，$a = \tfrac{1}{2}(\alpha + \beta)$ 與 $b = \tfrac{1}{2}(\alpha - \beta)$，所以

$$\cos \alpha + \cos \beta = 2 \cos \tfrac{1}{2}(\alpha + \beta) \cos \tfrac{1}{2}(\alpha - \beta) \qquad (48.5)$$

用這個公式，就能分析我們的問題。 $\cos \omega_1 t$ 與 $\cos \omega_2 t$ 的和是

$$\cos \omega_1 t + \cos \omega_2 t = 2 \cos \tfrac{1}{2}(\omega_1 + \omega_2)t \cos \tfrac{1}{2}(\omega_1 - \omega_2)t \quad (48.6)$$

現在讓我們假設，兩個波頻率幾乎相同，因此 $\frac{1}{2}(\omega_1 + \omega_2)$ 是平均頻率，且與兩個頻率都差不多。但是 $\omega_1 - \omega_2$ 比 ω_1 或 ω_2 都**小很多**，因爲我們假設 ω_1 和 ω_2 幾近相等。意思是說，這個解基本上是一個餘弦波，其頻率跟兩個初始頻率類似，但是它的「大小」慢慢「在改變——它的「大小」是以另一個頻率（看起來是 $\frac{1}{2}(\omega_1 - \omega_2)$）有規律的起伏。這個頻率是不是就是我們聽到的節拍（beat）？雖然(48.6)式是說，振幅隨 $\cos \frac{1}{2}(\omega_1 - \omega_2)t$ 起伏，但是它眞正告訴我們的卻是，高頻振動是限制在兩個相反的餘弦曲線之間（圖 48-1 的虛線部分）。根據這點，我們可以說，振幅變動的頻率是 $\frac{1}{2}(\omega_1 - \omega_2)$，但是說到波的**強度**，我們必須認定它是這個頻率的兩倍。也就是說，振幅調變（amplitude modulation，調幅）的頻率是 $\omega_1 - \omega_2$，雖然公式顯示是該頻率的一半。這個差異的技術原因是，高頻波在第二個半周期彼此相位關係稍微不同。

如果忽略掉這個小細節，我們就可以達成結論：把頻率爲 ω_1 和 ω_2 的兩個波加在一起，會得到一個平均頻率爲 $\frac{1}{2}(\omega_1 + \omega_2)$ 的淨值波，以頻率 $\omega_1 - \omega_2$ 的強度在振盪。

假如兩個波的振幅不同，我們可以再來一次，把餘弦乘以不同的振幅 A_1 和 A_2，做一大堆數學運算、用(48.2)到(48.5)式的方法整理公式中各項。然而，還有更輕鬆的方法來做同樣的分析。舉例來說，我們知道，指數計算比用正弦和餘弦簡單許多，而且我們可以用 $A_1 e^{i\omega_1 t}$ 的實部來代表 $A_1 \cos\omega_1 t$。另一個波也類似，以 $A_2 e^{i\omega_2 t}$ 的實部來代表。把兩者加起來，得到 $A_1 e^{i\omega_1 t} + A_2 e^{i\omega_2 t}$。把平均頻率

這個因式提出來，得到

$$A_1 e^{i\omega_1 t} + A_2 e^{i\omega_2 t} =$$
$$e^{i(\omega_1+\omega_2)t/2}[A_1 e^{i(\omega_1-\omega_2)t/2} + A_2 e^{-i(\omega_1-\omega_2)t/2}] \tag{48.7}$$

我們再一次得到有低頻高低起伏的高頻波。

48-2　拍音與調制

如果想知道 (48.7) 式中的波的強度，我們可以計算其絕對平方，左邊或是右邊均可。先看左邊，強度是

$$I = A_1^2 + A_2^2 + 2A_1 A_2 \cos(\omega_1 - \omega_2)t \tag{48.8}$$

我們可以看到，強度以頻率 $\omega_1 - \omega_2$ 上下起伏，其上下限分別是 $(A_1 + A_2)^2$ 和 $(A_1 - A_2)^2$。如果 $A_1 \neq A_2$，則最小強度不等於零。

還有一個方法，就是畫圖，可以表示這個觀念，如圖 48-2。

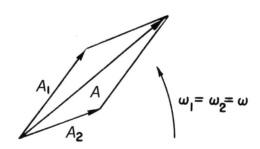

圖 48-2　頻率相等的兩個複數向量的和

我們畫一個長度為 A_1 的向量，以頻率 ω_1 旋轉，來代表在複數平面上的一個波。一個長度為 A_2 的向量，以另外一個頻率 ω_2 轉動，代表第二個波。假如這兩個波的頻率恰好相等，旋轉時向量和的長度是固定值，因此兩個波合起來的波其強度明確又固定。

但是如果兩個頻率稍微不同，這兩個複數向量會以不同的速率轉動。圖 48-3 是第二個波相對於向量 $A_1 e^{i\omega_1 t}$ 的情況。我們可以看出來，A_2 向量原先跟 A_1 向量同方向，然後方向慢慢偏離。把兩個向量相加，我們會先得到很強的振幅，然後兩個向量方向漸漸分歧，到 $180°$ 相對位置時，向量和的振幅就變得特別弱，等等。在向量轉動時，向量總和的振幅時而變大、時而變小，其強度因而有高低起伏。這是相當簡單的觀念，而且有許多不同的方法來呈現。

這個效應很容易在實驗中觀察到。在聲學的情況，用兩個不同

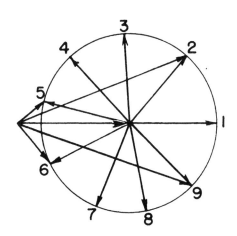

圖 48-3　不同頻率的兩個複數向量相加，從第二個向量的旋轉座標系看到的結果。圖中呈現第二個向量漸次旋轉（用數字標示九個向量）。（譯注：向量 A_1 起點在圓圈外左側，終點在圓心。向量 A_2 起點在圓心。）

的振盪器各驅動一個揚聲器，使揚聲器各發出一個音（tone）。我們從一個波源接收到一個音符，而從另外一個波源得到另外一個音符。如果我們讓頻率恰好相等，則在空間每一特定位置聽到的強度是固定的，不隨時間變化。如果我們調到讓兩者頻率有差（de-tune），就會聽到強度隨時間起伏。頻率差愈多，聲音強度起伏愈快。若是起伏快到超過每秒十次，耳朵就聽不出來。

　　我們也可以用示波器直接顯示兩個揚聲器電流的總和，來觀察這個效應。假如合成音強度高低起伏的頻率相當低，我們只會看到長串的正弦波，其振幅在高低起伏，但是當這高低起伏變得更快時，我們會看見類似圖 48-1 的那種波。當頻率差更大時，波段的「凸起」彼此就更為靠近。如果兩個波振幅不相等，也就是一個訊號比另一個強時，得到的那種波其振幅永遠不會變成零，正如我們所預期。不論是聲學還是電學，都遵循物理定律。

　　相反的現象也會發生！在無線電傳輸有所謂的**振幅調制**或**調幅**（AM），無線電臺播送聲音的方式如下：無線電發射機有個交流電振盪，在廣播波段上有非常高的頻率，例如每秒 800 千週（kilocy-cle）。這個**載波訊號**（carrier signal）啟動時，無線電臺發射出一個波，振幅固定，每秒振盪 800,000 次。傳播「信息」（沒用的信息，比如買哪一種汽車）的方法如下：當某人對著麥克風講話，載波訊號的振幅隨著進入麥克風的聲音振動而同步改變。

　　先舉最簡單的數學例子，一位女高音正用她聲帶的完美正弦振盪，唱出某個完美的音符，我們就得到一個訊號，它的強度會交互變化，就像圖 48-4 所示。然後，這個聲頻交變會在接收機（收音機）中還原：去掉載波，只留代表聲帶振盪的包絡線（envelope），也就是演唱者的聲音。接下來，揚聲器會以同樣的頻率在空氣中做相應的振動，聽眾基本上聽不出來有啥差別，起碼有人這麼說。由

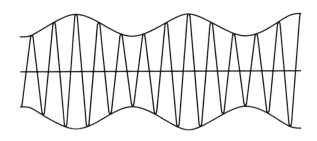

圖 48-4　一個調制過的載波。在這個圖示中，$\omega_c/\omega_m = 5$。而在實際的無線電波，$\omega_c/\omega_m \approx 100$。

於某些機械失眞以及其他微妙效應，事實上，還是可以分辨出我們到底是在聆聽收音機，還是現場女高音演唱；除此以外，以上所述就是廣播的概念。

48-3 旁頻帶

上述的調制波可以用數學式來表示：

$$S = (1 + b \cos \omega_m t) \cos \omega_c t \qquad (48.9)$$

這裡的 ω_c 代表載波的頻率，而 ω_m 是聲音的頻率。我們再用那些餘弦相關定理，或者我們也可以用 $e^{i\theta}$；兩者沒有什麼不同——用 $e^{i\theta}$ 比較容易，其實是同一回事。我們得到

$$S = \cos \omega_c t + \tfrac{1}{2}b \cos (\omega_c + \omega_m)t + \tfrac{1}{2}b \cos (\omega_c - \omega_m)t \quad (48.10)$$

所以，從另外一個觀點，我們可以說，整個系統輸出的波，是三個波的疊加；首先是頻率爲 ω_c 的尋常波，其頻率就是載波頻率，另有兩個新的波，它們有新的頻率：一個是載波頻率加上調制頻率，

另一個是載波頻率減去調制頻率。

因此,如果我們把產生器產生的強度當作頻率的函數畫圖,我們會看到以載波頻率振盪的強度很大,這是理所當然。但是當演唱者開始唱歌時,我們馬上會看到,有頻率為 $\omega_c + \omega_m$ 和 $\omega_c - \omega_m$ 的波,其強度跟演唱者的音量 b^2 成正比,如同圖 48-5 所示。這些稱為**旁頻帶**(side bands);有調制訊號從發射機出來,就會有旁頻帶生成。如果同時有兩個樂器在演奏,有一個以上的音符出來,比如說 ω_m 和 $\omega_{m'}$;或是有其他複雜的餘弦波存在,我們當然可以從數學上看出來,會有很多個波,其頻率相當於 $\omega_c \pm \omega_{m'}$。

所以,當調制趨於複雜時,可以用許多餘弦函數的總和來代表,＊ 我們得知真實發射機發送的是跨越某頻率範圍的訊號,這個範圍上下限就是載波頻率加上和減去受調制訊號所具有的最大頻率。

雖然我們原先可能以為,無線電發射機只發送載波的標稱頻率(nominal frequency),因為裡面有多個非常穩定的大型晶體振盪器存在,而且每樣東西都準確的調到 800 千週,但是每當某人**宣布**頻率是在 800 千週的那一刻,由於在做調制,就不再是剛好 800 千週!

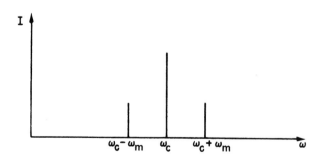

圖 48-5　載波 ω_c 的頻譜(frequency spectrum),受到餘弦波 ω_m 的調制。

假設放大器所發送的頻率涵蓋耳朵靈敏度的大部分範圍（耳朵可以聽到的頻率高達每秒 20,000 週，但是一般的無線電發射機和接收機在超過 10,000 週就不能發揮功用，所以從收音機我們聽不到最高頻部分）。當某個人說話時，他的聲音所涵蓋的頻率可能達到 10,000 週，然而發射機的發送頻率是在每秒 790 到 810 千週。現在假如有另外一個電臺的發射頻率是每秒 795 千週，定然會造成許多混亂（蓋台）。同時，假如我們的接收機製作得非常靈敏，它只能接收到 800 千週的頻率，而不能夠接收到上下 10 千週的波，我們就聽不到那個人在說什麼了，因為資訊會是在左右其他的頻率上了！所以，電臺的發射頻率要有所區隔，這一點無比重要，如此它們的旁頻帶才不會重疊，此外，接收機也不可以過於精準到只能接收標稱頻率，卻無法同時接收旁頻帶。在聲音的情況，這個問題實際上還不會引起太多麻煩。我們可以聽到 ±20 千週／秒的範圍，而一般的廣播波段是在 500 到 1,500 千週／秒之間，所以有足夠頻道可供許多電臺利用。

電視的問題就比較困難，當電子束掃描顯像管的面板時，產生許多亮的和暗的小點。「亮」和「暗」是指「訊號」而言。一般來說，電子束在 30 分之一秒內掃過整個畫面，大約有 500 條水平

★一個小旁注：在什麼樣情況下，一個曲線可以用許多餘弦的總和來代表？**答案**：在一般的情況下都可以，某些只有數學家玄想出來的例子除外。當然，曲線在任何一點必須只有一個值，而且不是搞怪曲線：也就是在無限小的距離內，跳動無限多次，或有類似的情形。除了這些限制之外，任何合理的曲線（像是演唱者振動聲帶而製造出來的曲線），一定都可以由若干個餘弦波相加在一起而合成出來。

線。現在讓我們假設畫面的垂直和水平解析度大約相等,所以沿著每一根掃描線,每英寸長度內都擁有同樣數目的點。我們要能夠分辨亮點暗點、亮點暗點、亮點暗點,遍及所有的 500 條線。如果用餘弦波來執行這個任務,最短的波長,從波峰到波峰,需要相當於螢幕大小的 250 分之一。所以我們每秒得到 250 × 500 × 30 個資訊/訊號。因此我們載波要傳遞的訊號最高頻率,是接近於每秒 4 百萬週。實際上,要保持電視台的頻率分開,我們需要用稍微大於這個數目的頻率,大約是 6 百萬週/秒;因為一部分用來攜帶聲音訊號與其他資訊。所以,一個電視頻道的寬度是 6 百萬週/秒。若用 800 千週/秒的載波,肯定無法傳送電視訊號,因為我們沒有辦法調制比載波更高的頻率。

　　總而言之,電視頻帶從 54 百萬週/秒開始。第一個傳輸頻道是叫做第 2 頻道（！）,其頻率範圍在 54 到 60 百萬週/秒之間,寬度是 6 百萬週/秒。「但是,」有人可能會說:「我們剛才證明過,兩邊還有兩個旁頻帶存在,因此應該是兩倍的寬度。」無線電工程師十分聰明,已巧妙解決。假如我們分析調制訊號不只是用餘弦項,而是同時用餘弦項與正弦項,容許相位差,就可以看出來,在高頻側的旁頻帶與在低頻側的旁頻帶之間,存在著某具體且固定的關係。意思是說,從一個旁頻帶取得資訊就夠了,另一個旁頻帶沒給我們更多資訊。所以發送訊號時可以關掉兩個旁頻道之一,而接收機內部線路的設計可把沒發送的資訊從收到的單一旁頻帶和載波重建出來。單旁頻帶發送是很聰明的設計,可以減少發送所需要的頻寬。

48-4 局域波列

我們接下來要討論的主題是，波在空間與時間中的干涉。假設有兩個波在空中行進。當然，我們知道，可以用 $e^{i(\omega t - kx)}$ 來代表在空間中行進的波，比如說，聲波的位移。假若 $\omega^2 = k^2 c^2$，其中 c 是波傳播的速率，以上寫法就是波動方程式的一個解。在這個例子中，我們可以把它寫成 $e^{-ik(x - ct)}$，它的通式是 $f(x - ct)$。因此這必定是以速度 ω/k 行進的波，而 ω/k 就是 c。

現在，我們要把兩個這樣的波相加在一起。假設其中一個波是以某個頻率行進，而另一個波則是以另一個頻率在行進。現在留給讀者來思考兩波振幅不同的情況；不會有什麼實際的差異。我們要把 $e^{i(\omega_1 t - k_1 x)}$ 和 $e^{i(\omega_2 t - k_2 x)}$ 加在一起，再用把訊號波相加的數學。當然，假如兩個波的 c 相同，就容易多了，因為以前算過：

$$e^{i\omega_1(t - x/c)} + e^{i\omega_2(t - x/c)} = e^{i\omega_1 t'} + e^{i\omega_2 t'} \qquad (48.11)$$

唯一的不同是，變數現在改成了 $t' = t - x/c$，而不是 t。所以我們得到了同樣的調制波，但是我們知道，那些調制波是和波一起移動。換言之，假如我們把兩個波相加，這些波不只是在振盪，而且是在空間中移動，合成的波也會以同樣的速率移動。

現在，我們想把這些分析推廣到，波的頻率與波數 k 的關係並非如此簡單的情況。例如，具有折射率的物質。在第 31 章中，我們已經研究過折射率的理論，在那裡我們學到 $k = n\omega/c$，此處 n 是折射率。來看一個有趣的例子，我們知道 x 光的折射率 n 是

$$n = 1 - \frac{N q_e^2}{2\epsilon_0 m \omega^2} \qquad (48.12)$$

實際上，我們在第 31 章曾經推導出一個更複雜的公式，但是這個例子也是一個好例子。

　　順便提一下，我們知道，即使是在 ω 與 k 不成線性比例的情況下，ω/k 這個比率仍是有這樣特定頻率與波數的波的傳播速率。我們稱這個比率為**相速度**（phase velocity）；也就是單一波的相或波節，以這個速率移動：

$$v_p = \frac{\omega}{k} \qquad (48.13)$$

在 x 射線通過玻璃的情況，這個相速度比真空中的光速還大（因為 (48.12) 式的 n 小於 1），這有點傷腦筋，因為我們知道訊號的速度不會比光速還快！

　　我們現在要討論的是兩個波的干涉，各個波的 ω 和 k 有很明確的關係公式。前述 n 的公式說，k 已知，因為是 ω 的明確函數。更明確的說，在這個特定的問題中，用 ω 來表示 k 的公式是

$$k = \frac{\omega}{c} - \frac{a}{\omega c} \qquad (48.14)$$

此處 $a = Nq_e^2/(2\epsilon_0 m)$，是一個常數。總而言之，每一個頻率都對應一個確定的波數。我們想要把兩個這樣的波加在一起。

　　就像解 (48.7) 式一樣，把式子展開：

$$
\begin{aligned}
e^{i(\omega_1 t - k_1 x)} + e^{i(\omega_2 t - k_2 x)} &= e^{i[(\omega_1 + \omega_2)t - (k_1 + k_2)x]/2} \\
&\times \left\{ e^{i[(\omega_1 - \omega_2)t - (k_1 - k_2)x]/2} + e^{-i[(\omega_1 - \omega_2)t - (k_1 - k_2)x]/2} \right\}
\end{aligned}
\qquad (48.15)
$$

因此我們看出這又是調制波，這個波以平均頻率與平均波數行進，但平均頻率與平均波數的強度卻是隨著頻率差與波數差在改變。

現在讓我們來看兩個波差不多的情況。假設我們把頻率幾乎相等的兩個波相加在一起；於是$(\omega_1 + \omega_2)/2$幾乎是等於兩個頻率其中任何一個ω，$(k_1 + k_2)/2$的情況也是一樣。因此整個波、其中的快速振盪、波節這三者的速率，基本上還是ω/k。但是請注意，調制波的傳播速率並不相同！某段時間t以後，x會改變多少？這個調制波的速率是一個比值

$$v_M = \frac{\omega_1 - \omega_2}{k_1 - k_2} \tag{48.16}$$

調幅波的速率有時稱為**群速度**（group velocity）。如果頻率差相當小，而且波數的差也相當小，以上群速度的式子在接近於極限時如下所示：

$$v_g = \frac{d\omega}{dk} \tag{48.17}$$

換句話說，最慢的調制波、最慢的拍，有它具體的行進速率，但它和波的相速率不同——真是奧妙啊！

群速度是ω對k的微分，而相速度則是ω/k。

我們來看看是否可以瞭解原因。兩個波長稍微不同的波，就像圖48-1所示。它們行進時，是異相、同相、異相……如此交替下去。這些波也代表在空間中以稍微不同的頻率行進的波。因為兩波的相速度，也就是兩波的波節速度，並不完全相同，因此有新的情況發生。假設我們跟著其中一個波前進，同時注視著另外一個波；假如兩個波真的以同樣的速率進行，那麼相對於我們，另外一個波

看起來似乎沒有在移動，就好像我們一同在這個波峰上前進一樣。假如我們騎在一個波的波峰上看，會看到在我們對面另外一個波的波峰；如果兩速度相等，兩個波的波峰會維持同步。但是實際**並非如此**，兩者速度並不真正相等。彼此頻率只有很小的差異，因此速度也只是稍微不同，但是因為速度的差異，我們與其中一個波同行時，另外一個波對我們會逐漸超前，或漸漸落後。那麼隨著時間流逝，波節的情況如何？如果我們把一個波列稍微向前移動了那麼一點點，波節就會向前（或向後）移動相當長的一段距離。這就是說，這兩個波的總和有一個包絡，而且在兩個波移動的同時，包絡也以不同的速率跟著它們在行進。**群速度**是調制訊號發送出去的速率。

波中的某種改變，要聽眾聽到有意義的訊號，就要對發出的波做變化，也就是予以調制。如果這調制夠慢，調制波以群速度前進。（調制波太快耳朵就不易分辨。）

現在我們可以證明（終於等到了），x 射線在一塊碳中的傳播速率並**不比**光速快，雖然相速度**的確**比光速大。要證明這一點，我們必須找出 $d\omega/dk$，把(48.14)式加以微分而得到： $dk/d\omega = 1/c + a/\omega^2 c$。因此，群速度是其倒數，也就是

$$v_g = \frac{c}{1 + a/\omega^2} \qquad (48.18)$$

這比 c 還小！所以，雖然相位能夠走得比光速快，但是調制訊號還是行進得比較慢，上述的明顯弔詭解決了！當然，如果有 $\omega = kc$ 的簡單情況， $d\omega/dk$ 也會等於 c 。所有的相位都有同樣的速度時，波群自然也具有同樣的速度。

48-5 粒子的機率幅

再來探討相速度非常有趣的例子，和量子力學有關。我們知道，在某個地方找到某個粒子的機率幅，在某些情況下，是隨著空間與時間在改變，先看一維的情形是：

$$\psi = Ae^{i(\omega t - kx)} \tag{48.19}$$

式子中的 ω 是頻率，就是透過 $E = \hbar\omega$ 這個機率幅跟古典的能量觀念有搭上關係，式子中的 k 是波數，透過 $p = \hbar k$，機率幅也和古典動量有關。我們要主張，假如波數恰好是 k，這個粒子具有確定的動量 p，意思是說，一個完整的波，它在空間到處的振幅都相同。從 (48.19) 式可以得到機率幅：取其絕對值的平方，找到這粒子的相對機率是位置與時間的函數。結果是一個**常數**，意思是，在任何地方找到一個粒子的機率都相同。現在假設，我們已經知道，粒子在某個地方出現的機率可能比在另外一個地方大。我們可以用一個波來代表這種情況，它具有一個極大值，而兩側逐漸變小（圖 48-6）。

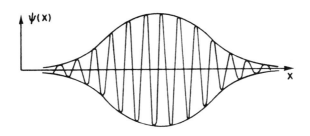

圖 48-6　一個局域波列（localized wave train）

（它和(48.1)式的波不完全相同，(48.1)式的波有一連串的最大值，但是把 ω 和 k 幾乎相同的幾個波加起來，就可以消掉那些最大值，到只剩一個。）

在這些情況中，因爲(48.19)式的平方代表在某個地方找到一個粒子的機會，我們知道，在某個指定的時刻，粒子最可能出現的位置是靠近「凸起」的中央，波振幅的最高點。如果我們等一會兒，這個波會移動，一段時間以後，這個「凸起」就會移到別的地方去。假如我們知道粒子原來的位置，從古典力學，我們會**預期**粒子稍後眞的會到別的位置，因爲它畢竟有**速率**，還有動量。於是，在動量、能量以及速度的關係中，唯有群速度（調制波的速度）等於古典理論中同樣動量的粒子的速度時，量子理論才能符合古典理論。

現在必須要說明，這主張是否正確。根據古典理論，能量與速度的關係是藉著如下的方程式來表明：

$$E = \frac{mc^2}{\sqrt{1 - v^2/c^2}} \qquad (48.20)$$

同樣的，動量是

$$p = \frac{mv}{\sqrt{1 - v^2/c^2}} \qquad (48.21)$$

以上兩式是古典理論，也是從古典理論所得到的結果，消去 v，我們可以表示成

$$E^2 - p^2c^2 = m^2c^4$$

這就是我們一講再講的四維的偉大結果，就是 $p_\mu p_\mu = m^2$；也是古典理論中能量與動量之間的關係。它的意思是，因爲這些 E 和 p 可以

用 $E = \hbar\omega$ 和 $p = \hbar k$ 來取代,就成了一些 ω 和 k,對量子力學來說,以下式子必需成立:

$$\frac{\hbar^2\omega^2}{c^2} - \hbar^2 k^2 = m^2 c^2 \tag{48.22}$$

這就是量子力學中用來代表質量為 m 的粒子的機率幅波,其中頻率與波數之間的關係。從這個方程式我們可以推導出,ω 是

$$\omega = c\sqrt{k^2 + m^2 c^2/\hbar^2}$$

這個相速度 ω/k,再次比光速還快!

　　現在來看一下群速度。群速度應該是 $d\omega/dk$,也就是調制波以這個速率移動。我們必須把平方根微分,不會太難。微分的結果是

$$\frac{d\omega}{dk} = \frac{kc}{\sqrt{k^2 + m^2 c^2/\hbar^2}}$$

這個平方根可以用 ω/c 來代表,因此我們可以寫成 $d\omega/dk = c^2 k/\omega$。而且 k/ω 等於 p/E,所以

$$v_g = \frac{c^2 p}{E}$$

從(48.20)和(48.21)式得到 $c^2 p/E = v$,即是古典力學的粒子速度。因此我們看出量子力學重要關係式 $E = \hbar\omega$ 和 $p = \hbar k$(證明了量子力學中 ω 和 k 的關係,就如同古典力學中 E 和 p 的關係),如此就產生了方程式 $\omega^2 - k^2 c^2 = m^2 c^4/\hbar^2$,現在我們瞭解了(48.20)和(48.21)式之間建立起 E 和 p 與速度的關係。當然,假如我們的詮釋要能自圓其說,群速度必須是粒子的速度。就像量子力學所說的,我們想像粒子一會兒是在這裡,而十分鐘以後又想它可能是在那裡,那個「凸起」所走過的距離除以時間間隔,在古典力學的說法,必定是粒子的速度。

48-6 三維空間中的波

　　我們現在要針對波動方程式提出若干一般說明，來結束本章對波的討論。這些說明的目的，是要提供一些未來的觀點，倒不是因為我們目前已經全盤瞭解，而是要略窺未來更深入研究波動時會是如何。首先，一維中的聲音波動方程式是

$$\frac{\partial^2 \chi}{\partial x^2} = \frac{1}{c^2} \frac{\partial^2 \chi}{\partial t^2}$$

這裡的 c 是任何波動的速率——在聲波的情況，它是聲速；在光的情況，它就是光速。我們證明過，聲波的位移會以某種速率自我傳播。就如同過量壓力（excess pressure）以某速率傳播，過量密度（excess density）也做同樣的傳播。因此我們可以期待，壓力應該會滿足同樣的方程式，事實也確實如此。我們把這留給讀者來證明。**提示**：ρ_e 與 χ 對 x 的變化率成正比。因此如果我們把波動方程式對 x 微分，立刻會發現，$\partial \chi/\partial x$ 也滿足同樣的方程式。這是說，ρ_e 也滿足同樣的方程式。但是 P_e 和 ρ_e 成正比，因此 P_e 也滿足。所以壓力、位移等等，全都滿足同樣的波動方程式。

　　聲音的波動方程式，通常是寫成對壓力的變化，而不是位移的變化，這是因為壓力是一個純量，沒有方向；但位移卻是具有方向的向量，所以壓力比較容易分析。

　　下一個要討論的，與三維中的波動方程式有關。我們知道，聲波在一維的解是 $e^{i(\omega t - kx)}$，在這裡 $\omega = kc_s$，但是我們也知道，在三維中，一個波應該用 $e^{i(\omega t - k_x x - k_y y - k_z z)}$ 來表示，其中，$\omega^2 = k^2 c_s^2$，它當然就是 $(k_x^2 + k_y^2 + k_z^2)c_s^2$。現在我們想要猜測在三維中正確的波動方

程式。聲音的情況，自然可以把一維所用的動力論述拿來推導在三維的方程式。可是我們不需要如此做，我們只需要寫出結果：壓力（或位移等等）的方程式是

$$\frac{\partial^2 P_e}{\partial x^2} + \frac{\partial^2 P_e}{\partial y^2} + \frac{\partial^2 P_e}{\partial z^2} = \frac{1}{c_s^2} \frac{\partial^2 P_e}{\partial t^2} \tag{48.23}$$

$e^{i(\omega t - \mathbf{k} \cdot \mathbf{r})}$ 代進來證明這個方程式是正確的。很明顯，每一次我們對 x 微分，就會乘上一個 $-ik_x$。若我們微分兩次，相當於乘上 $-k_x^2$。所以，波動方程式的第一項將變成 $-k_x^2 P_e$。同樣的，第二項會變成 $-k_y^2 P_e$，第三項會變成 $-k_z^2 P_e$。在右側，我們得到 $-(\omega^2/c_s^2)P_e$。然後，假如我們刪掉這些 P_e，並且改變正負號，那麼我們會看到，k 和 ω 之間的關係就是我們所要的。

再反過來做，我們忍不住要寫下某個重要的方程式，它相當於量子力學波的色散方程式(48.22)。假如 ϕ 代表在時間 t 的 x、y、z 位置上找到某個粒子的機率幅，那麼自由粒子的主要量子力學方程式就如下所示：

$$\frac{\partial^2 \phi}{\partial x^2} + \frac{\partial^2 \phi}{\partial y^2} + \frac{\partial^2 \phi}{\partial z^2} - \frac{1}{c^2} \frac{\partial^2 \phi}{\partial t^2} = \frac{m^2 c^2}{\hbar^2} \phi \tag{48.24}$$

首先，相對論中常見 x、y、z 和 t 的組合，在這裡也有，透露本公式有相對論特性。第二，這是一個波動方程式，如果用平面波代進去會得到 $-k^2 + \omega^2/c^2 = m^2 c^2/\hbar^2$，在量子力學中，這是正確的關係。波動方程式中還有另一個重要的特色：波的任一疊加也都是一個解。所以這個方程式涵蓋我們到目前為止討論過的所有量子力學與相對論，只要是一個單獨粒子在空曠的空間，沒有外來的勢（potential）或是力作用的情況都適用！

48-7 簡正模態

　　現在我們來看另外一個相當新奇，又稍微不同的拍現象。假想有兩個相同的擺，兩者之間有一個相當弱的彈簧把它們連接在一起。兩個擺的長度作成盡可能相等。假如我們把其中的一個擺拉到一邊然後放手，它就會來回擺動，擺動時它會拉扯連接的彈簧，因此它實際上是一個機械，可以產生力，這個力具有另一個擺的固有頻率。所以，如同前面研究過的共振理論的結果，對某物體用恰好正確的頻率施力時，力會驅使這個物體移動。果然，一個擺來回運動能夠驅使另一個擺也跟著來回運動。

　　然而，在這個情況有新的現象，因為系統的總能量是固定的，所以當一個擺把能量釋放給另一個擺，以驅使第二個擺移動時，自己卻逐漸失去能量，直到失去全部的能量（如果時間與速率恰好配合），而恢復到靜止狀態！那麼，當然是另一個擺球接收了全部的能量，而第一個擺已經變成一無所有，隨著時間過去，我們可以看到整個系統又開始往反方向做功，能量傳送回到第一個擺球；這現象非常有趣且頗富娛樂性。

　　但是，我們說過，這與拍的理論有關，因此現在必須解釋如何能夠根據拍理論的觀點來分析這個運動。

　　我們注意到，兩個擺球當中任一個的運動都是一種振盪，其振幅會有週期性變化。假設擺球的運動可以換個方式來分析，用兩個同時存在、但頻率稍微不同的振盪之總和來表示。因此，在這個系統中應該可以找到另外兩個運動，讓我們可以主張所看到的運動是這兩個解疊加的結果，因為這個系統是線性系統。事實確實如此，我們很容易就可以找到兩種方法來讓擺球開始運動，這兩者都是完

美的單頻運動，而且絕對是週期性運動。我們剛開始所討論的那個運動未必具有絕對週期性，因為它無法持續很久：一個擺球把能量傳送給另一個擺球的那一瞬間，振幅因而改變；我們一定可以找得到某些方式，來讓擺球開始運動就持續下去，而且我們一看就懂。

舉例來說，假如我們讓兩個擺球同方向擺動，那麼，因為它們的長度相同，而且彈簧也不發生任何作用，它們當然就會一直如此擺動（假設沒有摩擦力，一切都很完美的話）。還有另外一個可能的運動，也具有固定的頻率；那就是，如果我們讓兩個擺球反向運動，把它們往兩側拉到恰好相等的距離再放手，它們也將會做絕對週期性運動。我們知道，彈簧力只是在重力所提供的回復力上加上一個小量的力而已，而這個系統持續振盪的頻率只比前面情況稍微高一點。為什麼會比較高一點？因為除了重力之外，彈簧也在施力，如此會讓系統稍微硬一點，所以這個運動的頻率就會比前面的例子稍微高一點。

這麼一來，這個系統有兩種方法可以振盪，而且振幅不變：要嘛兩個擺球以相同頻率、同一方向持續振盪；要嘛兩個擺球朝著相反的方向、以稍微高的頻率振盪。

因為是線性系統，實際運動可以用以上兩種運動的疊加來呈現。（記住，這一章的主題是，頻率不同的兩個運動相加的效應。）所以想一想，如果我們把這兩個解合在一起會是什麼情況。假如在 $t = 0$，兩個運動是以同樣振幅、相同相位開始，兩個運動總和的意思就是，其中一個擺球，第一個運動和第二個運動剛好反方向，所以振幅總和等於零；而另外一個擺球，兩種運動的位移是同方向，而具有很大的振幅。隨著時間過去，因為兩個基本**運動**繼續獨立進行，兩個運動的相位差慢慢改變。意思是說，當時間夠久，一個運動已進行「$900\frac{1}{2}$」個振盪，而另一個運動只進行了「900」個振

盪，相對相位就剛好反過來。這是說，原先大振幅運動的擺球已經逐漸停下來，在同時，原先沒有運動的擺球卻擺盪到最大強度！

所以我們分析這個複雜的運動，要嘛用一個擺球把能量傳送給另一個擺球的共振觀念來說明，要嘛用頻率不同、振幅固定的兩個運動之疊加想法來分析。

第49章 | 模 態

49-1 波的反射

在這一章，我們將考慮一些非常值得注意的現象，就是把波局限在某個有限區域內所造成的結果。我們首先介紹幾個有關振動弦的特別現象做為例子，把這些事實推廣之後，我們會得到一個可能是影響最深遠的數學物理原理。

我們的第一個局限波例子，是把波限制在一個一端有邊界的區域內。我們考慮來選一條弦上的一維波這個簡單例子。我們同樣也可以考慮一維的聲音碰到牆的情況，或是類似性質的其他情況做為例子，但是就目前所需來說，一條弦的例子就已經足夠。假設弦的一端被固定，好比說綁在「無限堅固」的牆上。這個假設用數學來表示，即是在 $x = 0$ 的位置上，弦的位移 y 必定是零，因為弦的一端不能移動。假如沒有牆的話，我們知道，運動的通解是兩個函數 $F(x - ct)$ 與 $G(x + ct)$ 的和，第一個函數代表在弦上朝著一個方向前進的波，而第二個函數則是弦上向著另一個方向前進的波：

$$y = F(x - ct) + G(x + ct) \qquad (49.1)$$

這是任何一條弦的通解。但是我們接下來必須設法滿足弦的一端不會移動的條件。如果我們讓(49.1)式中的 $x = 0$，來看看對應於任何 t 的 y，我們得到 $y = F(-ct) + G(+ct)$。如果這個 y 於任何時刻都等於零，那麼函數 $G(ct)$ 必定等於 $-F(-ct)$。換句話說，對於任何 ct 來說，ct 所對應的 G 值，必須等於 $-ct$ 所對應的 $-F$ 值。如果把這個結果代回(49.1)式，我們就找到此問題的解是

$$y = F(x - ct) - F(-x - ct) \qquad (49.2)$$

很容易檢驗當 $x = 0$ 時，我們會得到 $y = 0$。

圖 49-1 顯示一個波在 $x = 0$ 附近，朝著負 x 方向前進，以及一個假想的波，上下顛倒過來，在原點的另一側、朝正 x 方向前進，我們之所以說這是假想的波，是因為沒有弦會在原點的另一側振動。在正 x 區域，弦的總運動被視為是兩波的總和。當這兩個波到達原點，它們永遠在 $x = 0$ 處互相抵消，在兩個波互相穿越而過之後，最後，第二個波（反射波）是唯一存在於正 x 區域的波，而且它當然是向著相反的方向前進。這些結果相當於以下的說法：一旦一個波到達弦被固定住的那一端，波會反射回來，但上下顛倒（描述波的函數會改變其正負號）。我們永遠可以這樣來瞭解這樣的反射：想像任何到達弦末端的波，會從牆的另外一側顛倒著出來。扼

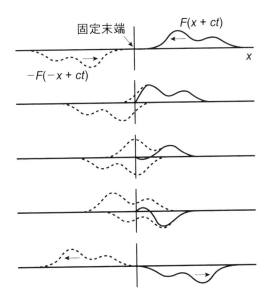

圖 49-1 以兩個行進波的疊加，來代表一個波的反射。

要的講，如果我們假設，弦是無限長的，而且固定有一個波朝著一個方向前進時，一定會有另一個波朝著相反方向、以前述上下顛倒的方式前進，則在 $x = 0$ 的位移永遠是零，整個狀況和我們是否真的把弦固定在那裡無關。

　　接下來要討論的，是週期波的反射。假設我們以 $F(x - ct)$ 所代表的波是正弦波，然後它被反射；那麼反射波 $-F(-x - ct)$ 也是具有同樣頻率的正弦波，但是朝相反的方向前進。這個情況可以很簡單的用複數函數的記號來描述：$F(x - ct) = e^{i\omega(t-x/c)}$ 及 $F(-x - ct) = e^{i\omega(t+x/c)}$。可以看出來，如果把這些代進(49.2)式，而且假設 x 等於零，那麼對所有的 t 值，$y = 0$，如此就滿足了必要的條件。利用指數的性質，可以把 y 寫成比較簡單的形式：

$$y = e^{i\omega t}(e^{-i\omega x/c} - e^{i\omega x/c}) = -2ie^{i\omega t}\sin(\omega x/c) \qquad (49.3)$$

　　這裡有一些有趣又新鮮的東西，因為這個解告訴我們，假如我們選定某一點 x，那麼這條弦是以頻率 ω 隨著時間上下振盪。不論這一點是在哪裡，頻率都相同！但是有些地方，特別是 $\sin(\omega x/c) = 0$ 的地方，那裡就完全沒有位移。此外，如果在任何時間 t，我們為振動中的弦拍一個快照，相片所顯示的將是一個正弦波，不過，這個正弦波的位移將隨著時間而改變。仔細觀察(49.3)式，我們可以看出，正弦波的波長等於疊加波中任何一個波的波長：

$$\lambda = 2\pi c/\omega \qquad (49.4)$$

所有可以滿足 $\sin(\omega x/c) = 0$ 這條件的點上，弦都不會有運動，意思是說，在 $(\omega x/c) = 0$、π、2π、…、$n\pi$、…這些點，弦都靜止不動，我們稱這些點為**波節**。任何兩個連續波節之間，每一點是以正

弦方式上下運動，但是運動的模式在空間中是固定的。這就是我們所稱的**模態**（mode）的基本特性。如果我們能夠找到一種運動的模式，具有這樣的性質：在任何點上，物體都完美的以正弦方式運動，而且所有的點都以同樣的頻率運動（雖然有些點會比其他點運動得多一些），那麼我們就有一個所謂的模態。

49-2 具有固有頻率的局限波

下一個有趣的問題是，假如弦的兩端，比如說在 $x = 0$ 和 $x = L$ 處，都固定住了，那麼會發生什麼事？我們可以從波的反射這現象開始，從某種凸起朝著一個方向的運動開始。當時間往前進，我們預期這個凸起會接近一端，當時間繼續往前走，它會有點變形，因為它和從另外一側來的顛倒凸起組合在一起。最終，原來的凸起會消失，而對應的凸起將向著另一方向移動，在另一端重複這個過程。所以這個問題有一個簡單的解，但是一個有趣的問題是，我們能不能擁有一個正弦運動（剛剛所說明的解是**週期性的**，但當然不是**正弦**週期性的）。

我們來嘗試把一個正弦週期波放在一條弦上。假如弦的一端被綁住，我們知道它必然類似我們早先的解，(49.3) 式。如果它的另一端也被綁住，那麼它也必然會看起來和另外一端相同。因此週期正弦運動的唯一可能性是，正弦波必須恰好配合弦的長度。假如它不能夠配合弦的長度，那麼就沒有能夠讓弦繼續振盪的固有頻率。簡單講，如果弦是以剛好合適的正弦波形狀開始，那麼它將繼續保持那正弦波的完美形狀，而且能以某個頻率諧振。

在數學上，我們可以用 $\sin kx$ 來代表波的形狀，此處 k 等於(49.3)和(49.4)式中的因子 (ω/c)，而且在 $x = 0$ 處，這個函數將是零。可

是，它在另一端也必須等於零。這件事的重點是，k 不再是任意的數，就像以前只有一端固定的例子那樣。如果弦的兩端全都固定著，則唯一的可能性是 $\sin(kL) = 0$，因爲這是我們可以保持兩端固定的唯一情況。爲了要讓正弦等於零，角度必須是 0、π、2π，或是 π 的其他整數倍。因此，可能的 k 值是由以下的方程式

$$kL = n\pi \qquad (49.5)$$

來決定，不同的整數 n 會對應到不同的 k。而每一個 k，都對應到某一個頻率 ω，根據(49.3)式，這個頻率就是

$$\omega = kc = n\pi c/L \qquad (49.6)$$

　　所以我們知道了以下的事：每一條弦都可以做正弦運動，**但是只限於某些頻率的振動**；這是局限波最重要的特性。不論系統多麼複雜，結果永遠是，存在某些運動的模式，其隨時間的變化是完美的正弦函數，而其頻率取決於個別系統以及邊界的性質。在弦的例子，我們有許多不同的可能頻率，每一個頻率都依定義，對應於一個模態，因爲模態就是以正弦方式自我重複的一種運動模式。

　　圖 49-2 顯示一條弦的前三個模態。第一個模態的波長 λ 是 $2L$，因爲我們看到，假如讓波繼續延續到 $x = 2L$ 就會得到正弦波的一個完整週期。在一般情況，以及在這個例子中，角頻率 ω 等於 $2\pi c$ 除以波長，因爲 λ 是 $2L$，所以頻率是 $\pi c/L$，這符合(49.6)式中 $n = 1$ 的情形。我們稱第一個模態的頻率爲 ω_1。現在，下一個模態有兩個波腹，而中間有一個波節。對這個模態來說，波長只是 L 而已。其相應的 k 值是兩倍大，而且頻率也是兩倍大，也就是 $2\omega_1$。對第三個模態而言，頻率就是 $3\omega_1$，依此類推。因此弦的所有不同頻率，就是最低頻率 ω_1 乘上 1、2、3、4 等等。

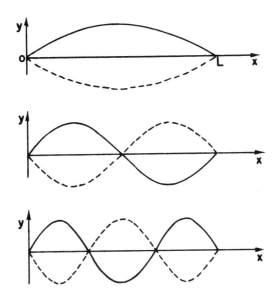

<u>圖 49-2</u>　一條振動弦的最初三個模態

　　現在回到弦的一般運動，我們將會發現，任何可能的運動永遠都可以由同時運作的數個模態來分析。事實上，對一般的運動而言，都有無窮多的模態同時被激發。為了要對於這種情況有一些概念，我們先來看看，若有兩個模態同時振盪，會發生什麼事情：假設我們讓第一個模態振盪，就如圖 49-3 中一系列的圖所示，它們說明了，在最低頻率的半個週期之內相等時間間隔下的弦的位置。

　　現在假設，同時還有第二個模態在振動。圖 49-3 也顯示了這個模態的一系列圖形，它是從與第一個模態相差 90°的相位開始，這意思是，它開始時的位移是零，但是弦的兩半有方向相反的速度。現在我們回想一個和線性系統有關的一般原理：如果有任何兩個解，那麼它們的和也是解。弦還有第三個可能的運動，那就是圖

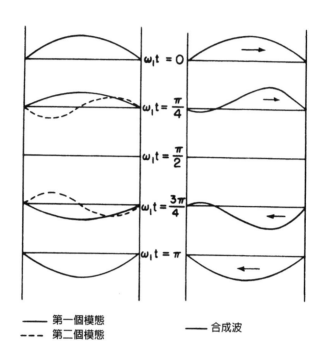

—— 第一個模態
--- 第二個模態　　　　—— 合成波

圖 49-3　兩個模態結合變成一個行進波。

49-3 所示的兩個解相加所產生的位移。相加的結果也顯示出於圖
中，這個結果開始讓人想起，之前談過的一個凸起在弦的兩端之間
來回運動的情形，不過因為只有兩個模態，我們沒有辦法疊加出一
幅非常好的畫面，我們還需要更多的模態。事實上，這結果已經是
線性系統的一個重要原理的特例：

**任何運動都可以徹底分析，只要假設，它是由所有不同模態的運動
以適當的振幅與相位疊加起來的總和。**

這個原理的重要性，來自每個模態都非常簡單這件事——每個模態都只是隨著時間進行的正弦運動而已。其實即使是弦的一般運動也不是真的非常複雜，但是有其他系統，例如飛機機翼的振動，其中的運動就比這複雜多了。雖然如此，即使是一個機翼，我們發現某個扭轉方式會有其特定頻率，而其他扭轉方式也各有其不同的特定頻率。假如這些模態都能夠找出來，那麼整個運動就一定可以當作是諧振的疊加來分析（除非振動的程度使得系統不再屬於線性系統）。

49-3 二維模態

下一個要考慮的例子，是二維模態的有趣情況。到此為止，我們只討論了一維的情況——一條被拉緊的弦，或是管子中的聲波。最終我們將會考慮到三維，但先從二維開始是比較容易的。

為了明確起見，我們來看長方形的橡皮鼓面，它的限制是在長方形邊緣的任何地方都不能夠有位移，現在假設長方形的長與寬分別是 a 和 b，如圖 49-4 所示。現在的問題是，可能的運動有什麼特性？我們可以用上先前處理弦所用的步驟。如果波完全沒有受到限制，我們會期待波以某種波運動前進。例如，$(e^{i\omega t})(e^{-ik_x x+ik_y y})$ 將代表往某方向前進的正弦波，這方向取決於 k_x 和 k_y 的相對值。我們要怎樣讓 x 軸，也就是 $y=0$ 這條線變成波節？我們用來自一維弦的概念，假想另一個波，它可以用複數函數 $(-e^{i\omega t})(e^{-ik_x x-ik_y y})$ 來表示。這兩個波疊加起來會讓 $y=0$ 處的位移為零，不論 x 和 t 的值是什麼。（雖然這些函數在 y 為負值之處仍有其數學上的定義，但那裡並沒有鼓面的振動，這可以忽略掉，因為在 $y=0$ 處，鼓面的位移真的等於零。）在這個例子中，我們可以把第二個函數

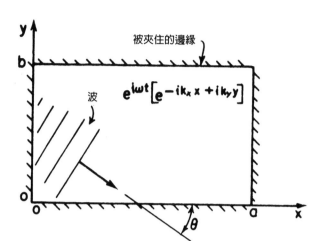

圖 49-4 振動的長方形平面

視為反射波。

然而，我們想要的是，在 $y = b$ 和 $y = 0$ 處各有一個節線（nodal line）。我們該怎麼做？這個問題的答案和我們先前研究晶體反射時所用過的概念有關。兩個在 $y = 0$ 會互相抵消掉的波，在 $y = b$ 處也會如此，條件是 $2b \sin\theta$ 是 λ 的整數倍，此處 θ 是圖 49-4 所示的角度：

$$m\lambda = 2b \sin\theta, \qquad m = 0, 1, 2, \ldots \qquad (49.7)$$

如此用同樣的方法，在前面兩個函數之外，再加入兩個函數 $-(e^{i\omega t})(e^{+ik_x x + ik_y y})$ 及 $+(e^{i\omega t})(e^{+ik_x x - ik_y y})$，每一個函數代表前面兩個波從 $x = 0$ 線上反射回來的反射波，為了讓 y 軸也變成節線，我們可以讓 $x = a$ 變成節線的條件，與讓 $y = b$ 變成節線的條件類似。也就是，$2a \cos\theta$ 必須是 λ 的整數倍：

$$n\lambda = 2a \cos \theta \tag{49.8}$$

最後的結果是，波在框中反射產生駐波圖樣，這樣的駐波即是一個模態。

　　因此假如我們想得到一個模態，我們必須滿足上面的兩個條件。我們先把波長找出來。利用 (49.7) 和 (49.8) 式，可以除去角度 θ，並且用 a、b、n 和 m 來代表波長。最容易的方法是，把這兩個方程式之兩側分別除以 $2b$ 和 $2a$，然後平方，再把兩個方程式相加在一起。結果是 $\sin^2\theta + \cos^2\theta = 1 = (n\lambda/2a)^2 + (m\lambda/2b)^2$，由此可以解出波長 λ：

$$\frac{1}{\lambda^2} = \frac{n^2}{4a^2} + \frac{m^2}{4b^2} \tag{49.9}$$

以這種方式，兩個整數就決定了波長，且從波長我們立刻可以得到頻率 ω，因為頻率等於 $2\pi c$ 除以波長。

　　這個結果既有趣又相當重要，我們應該再用純數學的分析推導一次，而不是只依賴反射論證。我們用四個波的疊加來代表振動，我們要適當的選擇這些波，以便讓 $x = 0$、$x = a$、$y = 0$ 和 $y = b$ 四條線全都是波節。除此之外，我們也要求所有波的頻率都相同，如此所得到的運動可代表一個模態。我們早先討論了光的反射，因此知道，$(e^{i\omega t})(e^{-ik_x x + ik_y y})$ 代表一個波在圖 49-4 所指示的方向前進。(49.6) 式，即 $k = \omega/c$，仍然有效，只要

$$k^2 = k_x^2 + k_y^2 \tag{49.10}$$

從圖中，清楚可知 $k_x = k \cos\theta$ 和 $k_y = k \sin\theta$。

現在我們的長方形鼓面的位移，比如說以 ϕ 表示，可以用以下很長的形式呈現：

$$\phi = [e^{i\omega t}][e^{(-ik_x x + ik_y y)} - e^{(+ik_x x + ik_y y)} - e^{(-ik_x x - ik_y y)} + e^{(+ik_x x - ik_y y)}]$$ (49.11a)

雖然看起來有一點雜亂，但算出這些東西的總和卻不十分困難。把這些指數函數合起來，即得到正弦函數，所以位移是

$$\phi = [4 \sin k_x x \sin k_y y][e^{i\omega t}]$$ (49.11b)

換句話說，這是一個正弦振盪，而且在 x 和 y 兩個方向上也都是正弦圖樣。在 $x = 0$ 和 $y = 0$，我們的邊界條件當然滿足。當 $x = a$ 與 $y = b$，我們也要求 $\phi = 0$，因此我們必須加上另外兩個條件： $k_x a$ 必須是 π 的整數倍，而 $k_y b$ 也必須是 π 的整數倍。因為我們已經知道 $k_x = k \cos \theta$ 和 $k_y = k \sin \theta$，就立刻可以得到 (49.7) 和 (49.8) 式，然後從這些得到最後的結果 (49.9) 式。

現在讓我們來看一個長方形的例子，它的寬是高的兩倍。令 $a = 2b$，並且應用 (49.4) 和 (49.9) 式，我們可以計算出所有模態的頻率：

$$\omega^2 = \left(\frac{\pi c}{b}\right)^2 \frac{4m^2 + n^2}{4}$$ (49.12)

表 49-1 列出了幾個簡單的模態，而且用定性的方法粗略表示出它們的形狀。

關於這個特別的例子，必須要強調的最重要的一點是，頻率彼此之間不存在著倍數的關係，而且它們也不是任何數字的倍數。一

表 49-1 模態形狀

模態形狀	m	n	$(\omega/\omega_0)^2$	ω/ω_0
+	1	1	1.25	1.12
+ −	1	2	2.00	1.41
+ − +	1	3	3.25	1.80
− +	2	1	4.25	2.06
− + + −	2	2	5.00	2.24

般而言，固有頻率之間有簡單比例關係的想法並不正確。不但對高過一維的系統不成立，而且對於更爲複雜的一維系統，如密度與張力並不均勻的弦，也不正確；後者的簡單例子是一條懸掛的鏈子，它頂端的張力比底部的大。如果讓這樣的一根鏈子做諧振盪，則會產生各種模態與頻率，但是這些頻率並不是任何數目的簡單倍數，而且模態的形狀也不是正弦曲線。

愈複雜的系統，模態也愈複雜。舉例來說，我們的聲帶上面有

一個空腔,藉著舌頭、嘴唇等其部位的動作,我們可以使得管道打開或封閉,讓管道有不同的直徑和形狀;這是非常複雜的共振器,即便如此,它仍只是一個共振器。現在,當一個人用聲帶講話時,也就是要用聲帶來發出某些音調。這些音調很複雜,同時有許多聲音發出來,但由於口腔具有各種不同的共振頻率,因此可以進一步修飾那些音調。例如,演唱者可以唱出在同樣音高上的各種母音,好比 a、o 或 oo 等等,但是聽起來就不相同,因為不同的諧波會在口腔中做不同程度的共振。

空腔的共振頻率對修改聲音的重要性,可以用簡單的實驗來示範。因為聲音前進的速度與密度的平方根成反比,聲速可以隨著所用的氣體不同而改變。假如有人用氦氣代替空氣,因此密度比較低,聲速就會快許多,而且空腔中的頻率全都會變大。結果是,如果一個人在說話以前,讓肺中充滿了氦氣,他的聲音就會大幅改變,即使他的聲帶仍以同樣的頻率在振動。

49-4 耦合擺

最後我們要強調的是,模態不但存在於複雜的連續系統中,也存在於非常簡單的力學系統中。前一章中討論過兩個耦合擺,就是很好的例子。我們曾在那一章證明,系統的運動可以當作是兩個頻率不同的諧運動的疊加來分析。所以,即使是這樣的系統,也可以用諧運動或模態予以分析。弦具有無限多的模態,二維表面也有無限多的模態。就某種意義來說,假如我們知道怎樣去計數無限大的話,二維表面具有雙重的無限大。但是只有兩個自由度的簡單力學東西,只需要兩個變數來描述,所以它僅有兩個模態。

我們現在就長度相等的兩個擺,對它們的兩個模態來做數學分

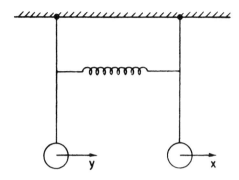

圖 49-5 兩個耦合擺

析。假設其中一個擺的位移是 x，另一個擺的位移是 y，如圖 49-5
所示。沒有彈簧存在時，因為重力的緣故，第一個質量上的力與該
質量的位移成正比。如果沒有彈簧，單單這一個擺會有某一個固有
頻率 ω_0。因此，沒有彈簧的運動方程式會是

$$m\,\frac{d^2x}{dt^2} = -m\omega_0^2 x \tag{49.13}$$

假如沒有彈簧的話，另一個擺將以同樣的方式擺動。在有彈簧的情
形下，除了來自重力的回復力之外，還有一個額外的力在拉第一個質
量。那個力決於 x 超過 y 的距離，並且與兩者之差成正比，因此那
個力等於某個常數（隨著幾何形狀改變）乘上 $(x-y)$。同樣大小的
力反向作用在第二個質量上。因此，我們所需要解的運動方程式是

$$m\,\frac{d^2x}{dt^2} = -m\omega_0^2 x - k(x-y)$$
$$m\,\frac{d^2y}{dt^2} = -m\omega_0^2 y - k(y-x) \tag{49.14}$$

　　爲了要找到一個運動能夠讓兩個質量以同樣的頻率運動,我們必須先決定個別質量移動了多少。換句話說, x 擺和 y 擺會以同樣的頻率振盪,但是它們的振幅則分別是某個值,就說是 A 和 B,兩者的關係是固定的。我們來試試這個解:

$$x = Ae^{i\omega t}, \qquad y = Be^{i\omega t} \tag{49.15}$$

如果把這些代進(49.14)式,把類似的項放在一起,就得到

$$
\begin{aligned}
\left(\omega^2 - \omega_0^2 - \frac{k}{m}\right) A &= -\frac{k}{m} B \\
\left(\omega^2 - \omega_0^2 - \frac{k}{m}\right) B &= -\frac{k}{m} A
\end{aligned}
\tag{49.16}
$$

以上的方程式是在我們消掉一個共同因子 $e^{i\omega t}$,並除以 m 之後所得到的。

　　現在我們看到,有兩個方程式,其中看起來有兩個未知數。但是實際上並沒有**兩個**未知數,因爲運動的整個大小不能從這些方程式來決定。上面的方程式只能決定 A 與 B 的**比值,這兩個方程式必須給我們同樣的比值。**要使這兩個方程式不互相衝突的必要條件是,頻率必須是某些特別的值。

　　在這個特殊例子,答案可以很容易解出來。把兩個方程式相乘,結果是

$$\left(\omega^2 - \omega_0^2 - \frac{k}{m}\right)^2 AB = \left(\frac{k}{m}\right)^2 AB \tag{49.17}$$

我們可以將兩側的 AB 消掉,除非 A 與 B 是零(這意思是根本就沒

有運動）。如果有運動，那麼 AB 之外的其他項必須相等，就得到一個需要解出的二次方程式。結果是，有兩個可能的頻率：

$$\omega_1^2 = \omega_0^2, \qquad \omega_2^2 = \omega_0^2 + \frac{2k}{m} \qquad (49.18)$$

此外，假如把這些頻率的值代回到(49.16)式，我們發現，對於第一個頻率來說，$A = B$，而對第二個頻率來說，則是 $A = -B$。這些就是「模態形狀」，很容易用實驗來證實。

很明顯，在第一個模態，由於 $A = B$，彈簧其實從來就沒有拉長過，而且兩個質量以同樣的頻率 ω_0 振盪，就好像彈簧根本不存在一樣。另一個解，$A = -B$，彈簧提供回復力，使得頻率增加。假如兩個擺的長度不相等，結果會更有趣。它的分析非常類似上面的例子，我們留給讀者當作練習。

49-5 線性系統

現在讓我們來總結一下上面所討論過的觀念，它們都觸及一個數學物理原理，這個原理也許是最一般性、最棒的數學物理原理。如果我們有一個線性系統，它的特性不受時間的影響，則運動就不一定有何特別的單純性，事實上還可能非常複雜；但是也有些非常特別的運動，通常是一系列的特別運動，整個運動的模式以指數函數的形式隨著時間變化。對我們現在所討論的振動系統來說，指數是虛數，所以與其說是「指數」，我們可能比較喜歡說是隨著時間成「正弦」變化。然而，我們也可以說得更一般性一點，就是形狀非常特別的模態，其運動將隨著時間以指數函數的形式變化。系統最一般性的運動，永遠可以用一些運動的疊加來表示，這些運動以

不同的指數形式在變化。

正弦運動的情況值得再重複說明一次：線性系統不一定只純粹做正弦運動，也就是說，在單一頻率下，不論它是怎樣運動的，這個運動都可以當作是純正弦運動的疊加。每一個這運動的頻率都是系統的特性，而且每一個運動的圖樣或是波形也都是系統的特性。任何這種系統中的一般運動，都可以由每一個模態以不同的強度與相位，全部疊加起來，以表示其特性。對此的另外一種說法是，任何線性振動系統都相當於一組獨立的諧振子，這些諧振子都有對應於模態的固有頻率。

我們最後說明模態與量子力學之間的關係。在量子力學中，在振動的東西，也就是在空間中變化的東西，其實是機率函數的「振幅」（也稱「機率幅」），這個機率幅可以提供在某一個組態下，找到一個電子或是一組電子的機率。這個機率幅可以隨空間與時間改變，而且實際上滿足一個線性方程式。但是在量子力學中有一個變換，在這變換中，我們所稱機率幅的頻率等於古典觀念中的能量。因此我們只要把**頻率**這個字眼換成**能量**，就可以把前述的原理變成量子力學的情況。

整個情形大約是這樣的：一個量子力學系統，例如一個原子，不一定要有確定的能量，就如同簡單的力學系統不一定有確定的頻率；但是不論系統的行為如何，它的行為永遠可以用許多能態（每一個能態都有其固定能量）的疊加來表示。每一個能態的能量是原子的特性，而機率幅的圖樣（可用以決定在不同地方找到粒子的機率）也是原子的特性。一般的運動，可以由每一個不同能量態的振幅的疊加來描述。這是量子力學裡能階的來源。由於量子力學用波來表示，在某些情況，電子沒有足夠的能量從質子逃開，它們就是**局限波**。就像一條弦的局限波，量子力學波動方程式的解會有其特

別的頻率，量子力學的詮釋是，這些特別的頻率就是特別的**能量**。因為量子力學系統是以波來表示的，因此量子力學系統的狀態可以具有固定能量，各種原子的能階就是例子。

第50章

諧 波

50-1 樂 音

　　據說當初是畢達哥拉斯（Pythagoras）發現，兩條相似的弦以同樣的張力撐開，**如果**弦的長度不同，但比率是兩個很小的整數的話，兩條弦同時撥動會產生悅耳的效應。假如長度是一比二，相當於音樂中的八度音程。如果長度是二比三，就相當於在 C 和 G 之間的音程，稱做五度音程。大家普遍認為這些音程是「好聽」的和弦。

　　畢達哥拉斯這個發現吸引了不少追隨者，他們都崇拜數字的奧妙所呈現的神祕，於是形成了畢達哥拉斯學派（Pythagoreanism）。他們認為，如此精采的現象只有在行星或「星球」上才找得到。我們常常聽到這種感嘆的說法：「此曲只應天上有！」意思是說，在行星的軌道之間，或是自然界中其他東西之間，都存在某些數字關係。

　　一般認為，這只是古代希臘人的一種迷信。但是，這和我們以科學探討量的關係，又有什麼不同？畢達哥拉斯的發現是除了幾何觀念外，最早有人指出自然界中數字之間有關係。突然間發現了自然界中數字之間有簡潔的關係，這件**事實**當初肯定讓人非常讚嘆。只是簡單測量長度，就可以預測出某些和幾何沒有明顯關聯的東西——美妙聲音的產生。這個發現延伸出一種想法：算術與數學的分析，或許是理解大自然的好工具。現代科學的成果就驗證了這個觀點。

　　畢達哥拉斯可能只是透過實驗觀察到這項發現。但是這發現的重要性似乎沒有引起他的興趣。如果他當初更深入探討，物理學的起源可能還會再提早。（事後諸葛總是比較容易！）

　　我們從第三個面向，來談論這個頗有意思的發現：這個發現當初必定是和兩個**聽起來悅耳**的音符有關。**為何**只有某些聲音是悅耳的，我們或許要問，**我們**的理解是否更勝畢達哥拉斯。今日美學的一般理論，不見得比畢達哥拉斯的時代更進步。希臘人這項發現包括三方面：實驗、數學關係、以及美學。而物理學只在前兩方面有長足進展。本章就是要來討論，我們今日對畢達哥拉斯的發現的瞭解。

　　我們聽到的聲音中，有一種聲音稱為**噪音**。噪音引起耳中鼓膜某種不規則的振動，這種振動是由附近某種物體的不規則振動所引起的。假如我們畫一個圖，把耳膜上的空氣壓力（也就是耳膜位移）表示成時間的函數，那麼對應於噪音的圖形看起來就類似圖 50-1(a) 所示的一樣。（這樣的噪音大概是頓足的聲音。）**樂音**則具有

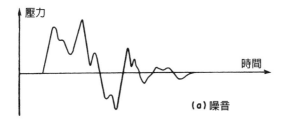

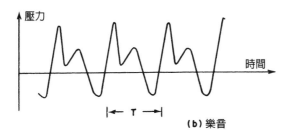

圖 50-1　以時間函數來表示(a) 噪音以及 (b) 樂音的壓力。

不同的特性。音樂的特性是或長或短的**持續音**，也就是「音符」
（note）。（樂器也有可能製造噪音！）樂音可以持續一段相當短的
時間，就像按下某個鋼琴鍵一樣，也可能持續無限長的時間，就好
像用長笛持續吹出某個長音一樣。

　　從空氣壓力的觀點來說，樂音的特性是什麼？樂音和噪音不
同，從圖形上來看，樂音具有週期性。空氣壓力隨著時間變動時，
會有某種不均勻的形狀，而且這個形狀會一再重複。圖 50-1(b) 顯
示樂音的壓力—時間函數的例子。

　　音樂家通常用三個特性來描寫樂音：響度、音調和「音色」。
這裡的「響度」是指壓力變化的大小。「音調」相當於基本壓力函
數重複一次的時間週期。（「低」樂音的週期比「高」樂音長。）
樂音的「音色」讓我們區分同樣響度與音調的兩樂音之間的差異。
雙簧管、小提琴或是女高音發出有同樣音調的樂音，我們也都能夠
分辨出來。音色與壓力重複模式的結構有關。

　　讓我們來探討弦振動所產生的聲音。我們撥弄這條弦，就是把
它撥向一邊、再放手，所產生的運動將取決於我們所造成運動的
波。我們知道這些波會向兩個方向進行，而且在末端會反射回來，
來回振動許久。不論是多麼複雜的波，都會一再的重複。重複波動
的時間週期就是波行進弦的兩倍長度所需要的時間 T。波一旦開始
行進，在兩端會反射回到起點的位置，然後再朝原來的方向繼續行
進，所需的時間就是週期。不論波是從哪一個方向開始，時間都相
同。經過一個週期以後，弦上的每一點又會回到起始的位置，隨後
再開始下一個週期，一再重複。所產生的聲波也必須具有同樣的重
複性。因此我們瞭解到，弦受撥動爲何能夠產生樂音。

50-2 傅立葉級數

在前一章，我們曾經討論到以另一種方法來看振動系統的運動。我們已經看到，一條弦具有各種固有振盪模態，而且由起始條件所設的特定振動，都可以想成是由若干固有模態經適當比例組合的振盪。對一條弦來說，簡正振盪模態（normal mode of oscillation）的頻率是 ω_0、$2\omega_0$、$3\omega_0$……。因此，撥動一條弦所產生最廣義的運動，是由基頻 ω_0 的正弦振盪，與第二諧頻 $2\omega_0$ 的正弦振盪，以及第三諧頻 $3\omega_0$ 的正弦振盪……的總和所組成的。基諧模態每經過 $T_1 = 2\pi/\omega_0$ 週期，會重複一次。第二諧波模態則是每經過 $T_2 = 2\pi/2\omega_0$ 週期，重複一次。每經過 $T_1 = 2T_2$，也就是**兩個**週期以後，它**又**再重複。同樣的，第三諧波模態在一段時間 T_1 以後也會重複，T_1 是它的週期的三倍。我們再次看出，撥動的弦為什麼會以週期 T_1 把整個模式一再重複。這產生出了樂音。

我們一直在討論弦的運動。**聲音**是空氣的運動，是由弦的運動所產生的，因此它的振動也必定由同樣的諧波組成——雖然我們不再探討空氣的簡正模態。而且，這個波模在空氣中的相對強度也可能和在弦上不同，尤其在弦通過共鳴板和空氣「耦合」的情形。不同的諧波與空氣耦合的效率也不相同。

$f(t)$ 代表樂音的空氣壓力，是時間函數（就像圖 50-1(b) 所表示的一樣），那麼我們可以把 $f(t)$ 寫成若干如同 $\cos \omega t$ 的簡諧時間函數的總和，每一個諧頻都有一個這樣的函數。如果振動週期是 T，基本角頻率（fundamental angular frequency）則是 $\omega = 2\pi/T$，而諧波的頻率則等於 2ω、3ω 等等。

這裡可能有一點複雜。我們可能會預期，各個頻率的起始相位

不一定相同。所以我們需要用 cos ($\omega t + \phi$) 的函數。然而，更簡單的方法是，**每一個**頻率同時應用正弦與餘弦函數。我們猶記得，

$$\cos (\omega t + \phi) = (\cos \phi \cos \omega t - \sin \phi \sin \omega t) \quad (50.1)$$

且因為 ϕ 是一個常數，**任何**頻率 ω 的正弦振盪，都可以寫成 $\cos \omega t$ 項及 $\sin \omega t$ 項的總和。

因此，我們的結論是，**任何**以週期 T 在週而復始的函數 $f(t)$，可以寫成如下的數學式：

$$\begin{aligned}
f(t) = &\ a_0 \\
&+ a_1 \cos \omega t + b_1 \sin \omega t \\
&+ a_2 \cos 2\omega t + b_2 \sin 2\omega t \\
&+ a_3 \cos 3\omega t + b_3 \sin 3\omega t \\
&+ \cdots \qquad\quad + \cdots
\end{aligned} \quad (50.2)$$

其中 $\omega = 2\pi/T$ ；而各個 a 和 b 則是其數值常數，指出在 $f(t)$ 的振盪中，每一個成分振盪所占有的分量是多少。我們加進「零頻率」項 a_0，此公式適用於所有的情況，雖然樂音的 a_0 通常等於零。 a_0 代表聲音壓力的平均值（也就是第「零」階）的變動。這一項的存在，讓我們的公式適用於任何情況。(50.2)式這個等式可以由圖 50-2 的圖解來表示。〔諧波函數（harmonic function）的振幅 a_n 和 b_n 尚待挑選。本圖只是示意，沒用任何比例尺。〕(50.2) 這個級數就稱為 $f(t)$ 的**傅立葉級數**（Fourier series）。

我們曾經說過，**任何**週期函數都可以用這個級數來組成。這句話應該更正為：任何聲波，或是通常在物理學中遇到的任何函數，都可以用這樣的級數來組成。數學家可以發明不能由簡諧函數組成的函數，例如具有「逆扭轉」（reverse twist）的函數，某些 t 值有兩個函數值！但是此刻，我們不必為這樣的函數操心。

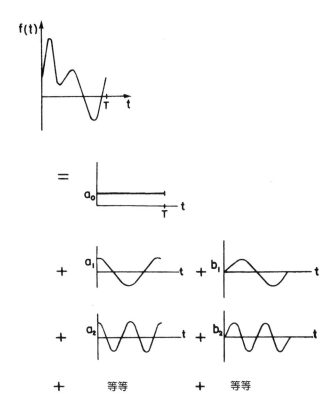

圖 50-2 任何週期函數 $f(t)$ 等於數個簡諧函數的總和。

50-3 音色與和音

現在我們就能夠說明，樂音的「音色」由什麼在決定。是由各種諧波的相對分量，也就是 a 和 b 的值來決定。只具有基諧波（first harmonic）的音，是「純」音。而具有許多強諧波的音，則是音色「豐潤」。小提琴在各諧波的比例，跟雙簧管的不同。

如果我們把幾個「振盪器」連接到揚聲器上，可以「製造」出

各種樂音。（振盪器通常會產生近於純音的簡諧函數。）我們應該選擇頻率是 ω、2ω、3ω 等等的振盪器。然後調節每一個振盪器的音量，隨心所欲把各個諧波以不同音量相混，藉此可以產生不同音色的音。電子琴大致就是這樣運作的。用「琴鍵」來選擇基音振盪器（fundamental oscillator）的頻率，而「音栓」則是用來調節諧波相對比例的開關。調整這些音栓，電子琴可以發出類似笛子、雙簧管或小提琴的聲音。

　　有趣的是，要製造像這樣的「人工」音，我們只需要每一個頻率有一個振盪器，分別處理正弦和餘弦。人類耳朵對於諧波的相對相位並不是十分靈敏，只聽到每個頻率的正弦與餘弦分量的**總和**。我們的分析已經超出解釋音樂**主觀**認知所需要的準確性。然而，麥克風或是其他實體儀器的響應（response），卻視相位而定，因此我們可能需要完整的分析來處理這些情況。

　　說話聲音的「音色」也主宰了我們在說話中覺察到的母音。嘴形可以決定口中空氣振動的固有模態的頻率。在這些模態中，有些是由來自聲帶的聲波所引發的振動，這樣會使得某些諧波的振幅比別的諧波更強。當我們改變了嘴巴的形狀，其他頻率的諧波就占了上風。這些效應，說明了「e-e-e」這個聲音和「a-a-a」之間的差異。

　　我們都知道，不論是用很高或很低的音調說（或唱）出一個特別母音，例如「e-e-e」，它「聽起來」仍然「像是」同一個母音。從剛才描述的機制，我們會預期，以某個嘴形發出「e-e-e」時，某些**特別**頻率會被加強，而當我們改變聲音的音調時，這些被加強的頻率**仍不會**改變。所以，重要的諧音與基音的關係，也就是「音色」，會隨著音調的改變而改變。很顯然，我們識別他人說話的機制，並不是基於特殊的諧波關係。

　　那麼，畢達哥拉斯的發現，我們要怎樣解釋呢？我們知道，兩條類似的弦，如果其長度比是 2 比 3 的話，基頻比會是 3 比 2。但是，為什麼當它們一起發出聲音時，會「聽起來很悅耳」呢？或許我們可以從諧波的頻率得到線索。短弦的第二諧波和長弦的第三諧波，具有**相同的**頻率。（很容易證明或相信，經撥動的弦會產生幾個很強的最低諧波。）

　　或許我們應該定出下面幾個規則。若干個音具有相同頻率的諧波時，聽起來就會協和（consonant）。假如若干個音的高諧波頻率非常相近，但是彼此頻率差距又足夠產生快速的拍，聽起來就會不協和。為什麼拍不好聽，為什麼高諧波一致時聽起來悅耳，這些我們都不知道要如何定義或說明。從什麼聲音好聽的**聽**的認知，我們無法推論什麼味道應該好**聞**。換句話說，我們對這些的瞭解僅限於一般的說明而已，我們只能說當聲音是同度（in unison）時，就會好聽。除了說是音樂的協和性質以外，我們無法推論出別的東西。

　　用鋼琴做一些簡單的實驗，很容易就可以證明剛剛描述的諧波的關係。在靠近鋼琴鍵盤的中央標示出 3 個連續的 C，即 C、C′以及 C″，和比它們高的那幾個 G，即 G、G′以及 G″。於是基音的相對頻率，如下所列：

$$C — 2 \qquad G — 3$$
$$C' — 4 \qquad G' — 6$$
$$C'' — 8 \qquad G'' — 12$$

這些諧波的關係可以用下面的方法來說明：假使我們**慢慢**按下 C′，使它不發出聲音，但是制音器（damper）已抬起。然後，如果我們讓 C 發出聲音，它會產生自己的基音，**以及**一些第二諧波。第二諧波將

導致 C' 的弦開始振動。假如我們現在放開 C（同時繼續按著 C'），制音器會中止 C 弦的振動，並且我們能夠微微聽到 C' 音符漸漸變弱。在類似的情況下，C 的第三諧波能夠導致 G' 的振動。或許可聽到 C 的第六諧波（已經愈來愈弱）可以讓 G'' 的基音開始振動。

如果我們靜靜按下 G，然後讓 C' 發出聲音，則會產生稍微不同的結果。C' 的第三諧波將對應到 G 的第四諧波，所以只有 G 的第四諧波受到激發。我們能夠聽到 G'' 的聲音（假如我們仔細聽的話），它比我們所按下 G 高出兩個八度！這個遊戲有很多組合可以玩。

順便提到，大音階可以由以下條件來定義：三個大三和絃（F－A－C）、（C－E－G）以及（G－B－D）各代表頻率比為（4：5：6）的音。這些比率，加上每升八度（C－C'、B－B' 等）頻率比為 1：2 的事實，可以決定「理想」情況，也就是稱為「純律」（just intonation）的整個音階。鋼琴等鍵盤樂器，通常**不**用這種方法調音，而是「動一點手腳」，以讓所有可能的起始音之頻率**近似於**正確。這種稱為「平均律」的調音法，是把八度（仍是 1：2）分成 12 個相等的間隔（音程），每個音程的頻率比是 $(2)^{1/12}$。五度音程的頻率比不再是 3/2，而是 $2^{7/12} = 1.499$，顯然大多數人的耳朵聽不出區別。

剛剛講的歸納成一個規則：高階諧波頻率剛好相同，就會產生協和的感覺。然而，諧波頻率相同就一定是「兩個音聽起來協和」的**原因**嗎？有位製造樂器的人士宣稱，聽到兩個**純**音（刻意作成沒有諧波的單音）不會有悅耳，也不會有不悅耳的**感覺**，即使兩者的頻率是（或接近是）簡單整數比。（這種實驗很難進行，因為純音很難製作，稍後會說明原因。）我們聽到某些音會覺得順耳，是因為耳朵把高階諧波對應到一起，還是因為耳朵知道有簡單整數比？這有待進一步探討。

50-4 傅立葉係數

讓我們再回頭來談談這個觀念，任何一個音符，也就是**週期性**聲音，可以用恰當的諧波組合來代表。我們希望證明，怎樣找出每一個所需諧波的分量。假如我們**已知**所有的係數 a 和 b，利用(50.2)式來計算 $f(t)$ 當然容易。現在的問題是，假如我們已知 $f(t)$，那又怎樣能夠知道各諧波項的係數是什麼呢？（按照食譜烤蛋糕很容易，但是如果只給我們蛋糕，能夠寫出食譜來嗎？）

傅立葉（J. B. Joseph Fourier, 1768-1830）發現，其實並沒有那麼困難。a_0 項定然很容易就可以找到。我們已經說過，它只是一個週期內（從 $t = 0$ 到 $t = T$）所有 $f(t)$ 的平均值。事實就是如此，很容易可以看出來。在一個週期內，正弦或餘弦函數的平均值是零。那麼兩個、三個或是任何整數週期之內的平均值也是零。所以在(50.2)式右側所有項的平均值等於零，但是 a_0 除外。（記住，我們必須選擇 $\omega = 2\pi/T$。）

現在，總和的平均值是平均值的總和。所以 $f(t)$ 的平均值就是 a_0 的平均值。然而 a_0 是**常數**，因此它的平均值就等於與它本身的值相同。從平均值的定義，我們得到

$$a_0 = \frac{1}{T} \int_0^T f(t) \, dt \tag{50.3}$$

要得到其他的係數只是稍微困難一點。我們可以應用傅立葉所發現的技巧來找出它們。

假設我們把(50.2)式的兩邊各乘上某個諧波函數——比如說，乘上 $\cos 7\omega t$。然後我們就得到

$$
\begin{aligned}
f(t) \cdot \cos 7\omega t = \ & a_0 \cdot \cos 7\omega t \\
& + a_1 \cos \omega t \cdot \cos 7\omega t + b_1 \sin \omega t \cdot \cos 7\omega t \\
& + a_2 \cos 2\omega t \cdot \cos 7\omega t + b_2 \sin 2\omega t \cdot \cos 7\omega t \\
& + \cdots \qquad\qquad\quad + \cdots \\
& + a_7 \cos 7\omega t \cdot \cos 7\omega t + b_7 \sin 7\omega t \cdot \cos 7\omega t \\
& + \cdots \qquad\qquad\quad + \cdots
\end{aligned}
\tag{50.4}
$$

現在讓我們來把兩側加以平均。在時間 T 內的 $a_0 \cos 7\omega t$ 的平均值,與 7 個整週期的餘弦平均值成正比。但它正好是零。**幾乎所有其他項的平均值也**都是零。讓我們來看看 a_1 項。我們知道,一般來說,

$$
\cos A \cos B = \tfrac{1}{2} \cos (A + B) + \tfrac{1}{2} \cos (A - B)
\tag{50.5}
$$

a_1 項就變成

$$
\tfrac{1}{2} a_1 (\cos 8\omega t + \cos 6\omega t)
\tag{50.6}
$$

因此剩下兩個餘弦項,一項在 T 內包含了 8 個整週期,而另外一項包含了 6 個整週期。**兩項的平均值都是零**。因此 a_1 項的平均值等於零。

　　對 a_2 項而言,我們會找到 $a_2 \cos 9\omega t$ 和 $a_2 \cos 5\omega t$,每一個的平均也都等於零。至於 a_9 項,我們會找到 $\cos 16\omega t$ 與 $\cos (-2\omega t)$。但是 $\cos (-2\omega t)$ 等於 $\cos 2\omega t$,因此兩者的平均值都等於零。很明顯,**所有的** a 項的平均值都會是零,只有一項**除外**。那就是 a_7 項。對 a_7 項來說,我們得到

$$\tfrac{1}{2}a_7(\cos 14\omega t + \cos 0) \qquad\qquad (50.7)$$

零的餘弦等於 1，而它的平均值當然也是 1。所以我們得到的結果是，(50.4)式中所有 a 項的平均值都等於 $\tfrac{1}{2}a_7$。

　　就 b 項而論，則更容易求得。當我們把兩側乘上任何類似於 $\cos n\omega t$ 的餘弦項後，可以用同樣的方法來證明，所有的 b 項平均值也都等於零。

　　我們看出，傅立葉的「技巧」就像是一個篩子。當我們乘上 $\cos 7\omega t$，然後求平均，除了 a_7 以外，所有其他的項全部被去掉，而且我們發現，

$$平均值\ [f(t)\cdot\cos 7\omega t] = a_7/2 \qquad\qquad (50.8)$$

也就是

$$a_7 = \frac{2}{T}\int_0^T f(t)\cdot\cos 7\omega t\ dt \qquad\qquad (50.9)$$

　　把(50.2)式乘上 $\sin 7\omega t$，然後求兩邊的平均，可以得到係數 b_7，我們把這留給讀者來證明。結果是

$$b_7 = \frac{2}{T}\int_0^T f(t)\cdot\sin 7\omega t\ dt \qquad\qquad (50.10)$$

　　現在可以說，凡是對 7 成立的，我們預測對任何其他整數也成立。因此，我們可以把我們的證明和結果，總結爲下面更漂亮的數學形式。假設 m 和 n 是兩個不等於零的整數，並且如果 $\omega = 2\pi/T$，

那麼

I.　$\displaystyle\int_0^T \sin n\omega t \cos m\omega t\, dt = 0$ （50.11）

II.　$\displaystyle\int_0^T \cos n\omega t \cos m\omega t\, dt =$

III.　$\displaystyle\int_0^T \sin n\omega t \sin m\omega t\, dt =$ $\begin{cases} 0 & \text{如果 } n \neq m \\ T/2 & \text{如果 } n = m \end{cases}$ （50.12）

IV.　$\displaystyle f(t) = a_0 + \sum_{n=1}^{\infty} a_n \cos n\omega t + \sum_{n=1}^{\infty} b_n \sin n\omega t$ （50.13）

V.　$\displaystyle a_0 = \frac{1}{T} \int_0^T f(t) \cdot dt$ （50.14）

$\displaystyle a_n = \frac{2}{T} \int_0^T f(t) \cdot \cos n\omega t\, dt$ （50.15）

$\displaystyle b_n = \frac{2}{T} \int_0^T f(t) \cdot \sin n\omega t\, dt$ （50.16）

在前幾章中，曾用指數記法來代表簡諧運動，用指數函數的實數部分 Re $e^{i\omega t}$，來代表 $\cos \omega t$，非常方便。這一章，我們同時探討採用正弦與餘弦函數，是為了要讓推導過程更清楚一些。我們可以把(50.13)式的最後結果，寫成簡潔的形式

$$f(t) = \text{Re} \sum_{n=0}^{\infty} \hat{a}_n e^{in\omega t}$$ （50.17）

此處的 $\hat{a}_n$ 是複數 $a_n - ib_n$（$b_0 = 0$）。假如我們希望從頭到尾全部應用同樣的符號，我們也可以寫成

$$\hat{a}_n = \frac{2}{T} \int_0^T f(t) e^{-in\omega t}\, dt \qquad (n \geq 1)$$ （50.18）

我們現在知道怎樣把週期波「分析」成它的諧波分量（harmonic component）。這個步驟就稱為**傅立葉分析**（Fourier analysis），各項則稱為傅立葉分量。然而，我們仍然還**沒有證明**，一旦找到所有的傅立葉分量，並且把它們相加在一起，我們就真正回到原來的 $f(t)$。很多類型的函數，事實上應該說是物理學家感興趣的所有函數，數學家已經證明，只要能夠積分，就可以回到 $f(t)$。

但是有個小小的例外。假如函數 $f(t)$ 是不連續的，也就是，如果它突然從一個值跳到另外一個值，傅立葉總和（Fourier sum）在**斷點**得到一個值，即不連續處的高值與低值的一半。因此，假如我們有一個奇怪的函數，$0 \leq t \leq t_0$ 時，$f(t) = 0$，$t_0 \leq t \leq T$ 時，$f(t) = 1$，傅立葉總和將在各處都有正確的值，**除了** t_0 **處除外**，那裡的值是 $\frac{1}{2}$，而不是 1。話說回來，堅持某個函數**一直快到** t_0 時都必須等於零，而**正好在** t_0 時又要等於 1，這種函數並不合乎物理。

或許我們應該給物理學家定下「規矩」，任何不連續函數（必須是用來呈現**實際**物理函數的簡化）在「不連續」的地方，應該用中間值來定義。如此一來，含有限個跳躍的這種函數，和物理上有意思的問題，就都可以應用傅立葉總和找到正確的結果。

請讀者計算圖 50-3 中函數的傅立葉級數，當作練習。因為這個函數不能夠寫成明確的代數形式，因此沒有辦法用一般的方法從零到 T 積分。然而，假如我們把它分成兩部分來積分就會比較容易：從零到 $T/2$ 積分（在這個範圍，$f(t) = 1$），以及從 $T/2$ 到 T（在這個範圍，$f(t) = -1$）。結果應該是

$$f(t) = \frac{4}{\pi} \left(\sin \omega t + \tfrac{1}{3} \sin 3\omega t + \tfrac{1}{5} \sin 5\omega t + \cdots\right) \quad (50.19)$$

此處 $\omega = 2\pi/T$。我們因此得知方波（有這個特定相位的方波）只

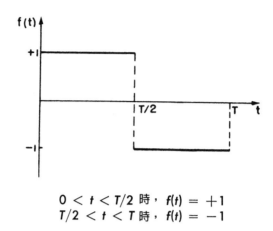

$$0 < t < T/2 \text{ 時,} f(t) = +1$$
$$T/2 < t < T \text{ 時,} f(t) = -1$$

圖 50-3　方波函數

具有奇數諧波（odd harmonic），而且各個諧波的振幅與頻率成反比。

　　讓我們來檢查(50.19)式在某些 t 值,是否真的可以再得到 $f(t)$。如果我們選擇 $t = T/4$,也就是 $\omega t = \pi/2$ 。我們得到

$$f(t) = \frac{4}{\pi}\left(\sin\frac{\pi}{2} + \frac{1}{3}\sin\frac{3\pi}{2}\frac{1}{5}\sin\frac{5\pi}{2} + \cdots\right) \quad (50.20)$$

$$= \frac{4}{\pi}\left(1 - \frac{1}{3} + \frac{1}{5} - \frac{1}{7} + \cdots\right) \quad (50.21)$$

這個級數* 的值是 $4/\pi$,所以我們得到 $f(t) = 1$ 。

---

*原注：這個級數能夠用以下方法計算。第一,我們需要說明 $\int_0^x [dx/(1 + x^2)] = \tan^{-1}x$ 。第二,我們把積分展開成一個級數 $1/(1 + x^2) = 1 - x^2 + x^4 - x^6 \pm \cdots\cdots$ 。我們對這個級數一項一項的積分（從零到 x）,得到 $\tan^{-1}x = x - x^3/3 + x^5/5 - x^7/7 \pm \cdots\cdots$ 。設 $x = 1$,我們得到所說的結果,因為 $\tan^{-1}1 = \pi/4$ 。

50-5 能量定理

波動的能量與振幅的平方成正比。形狀複雜的波來說，在一個週期中的能量與 $\int_0^T f^2(t)\ dt$ 成正比。我們也可以把這個能量與傅立葉係數連結在一起，寫成

$$\int_0^T f^2(t)\ dt = \int_0^T \left[a_0 + \sum_{n=1}^{\infty} a_n \cos n\omega t + \sum_{n=1}^{\infty} b_n \sin n\omega t \right]^2 dt$$

$$(50.22)$$

當我們把括號項的平方展開後，就會得到所有可能的交叉項，例如 $a_5 \cos 5\omega t \cdot b_7 \sin 7\omega t$。然而，我們在前面中已經證明過（(50.11) 和 (50.12) 式），所有這些項對一個週期的積分是零。我們只剩下類似 $a_5^2 \cos^2 5\omega t$ 的平方項。在一個週期中的任何餘弦平方或是正弦平方的積分，都等於 $T/2$，因此我們得到

$$\int_0^T f^2(t)\ dt = Ta_0^2 + \frac{T}{2}\left(a_1^2 + a_2^2 + \cdots + b_1^2 + b_2^2 + \cdots \right)$$

$$= Ta_0^2 + \frac{T}{2} \sum_{n=1}^{\infty} (a_n^2 + b_n^2)$$

$$(50.23)$$

這個方程式稱爲「能量定理」（energy theorem），意思是表示，波的總能量就是所有傅立葉分量的能量的總和。例如，把這個定理應用到 (50.19) 的級數中，因爲 $[f(t)]^2 = 1$，我們得到

$$T = \frac{T}{2} \cdot \left(\frac{4}{\pi} \right)^2 \left(1 + \frac{1}{3^2} + \frac{1}{5^2} + \frac{1}{7^2} \cdots \right)$$

因此我們知道，奇數倒數平方的和是 $\pi^2/8$ 。想要積分函數 $f(t) = (t - T/2)^2$ ，也是用類似的方法，先得到它的傅立葉級數，再用能量定理，我們就能夠證明 $1 + 1/2^4 + 1/3^4 + \cdots\cdots$ 是 $\pi^4/90$ ，這也是當初在第 45 章我們要的答案。

50-6 非線性響應

最後，在諧波理論（theory of harmonics）中有一個重要的現象，就是非線性效應，在實際應用上很重要，所以需要說明一下。到目前為止，我們討論過的所有系統，假設一切都是線性。像是每件事情對力的響應是線性的，比如說位移或加速度，永遠與力成正比。或者說電路中的電流與電壓成正比，等等。我們現在要探討沒有這種固定比例的情況。

某種裝置在時間 t 的響應是 $x_{輸出}$，這是由在時間 t 的輸入 $x_{輸入}$ 來決定。例如， $x_{輸入}$ 可能是力，而 $x_{輸出}$ 可能是位移。或者 $x_{輸入}$ 可能是電流，而 $x_{輸出}$ 則可能是電壓。如果這裝置是線性的，我們會有

$$x_{輸出}(t) = Kx_{輸入}(t) \tag{50.24}$$

這裡的 K 是一個獨立於 t 與 $x_{輸入}$ 的常數。然而，假設這裝置只是幾近於，但並不完全是線性的，我們可以寫成

$$x_{輸出}(t) = K[x_{輸入}(t) + \epsilon x^2_{輸入}(t)] \tag{50.25}$$

此處的 ω 比 1 小許多。這樣的線性與非線性響應就像圖 50-4 中的圖形所表示的一樣。

非線性響應在實務應用上有幾個重要的影響，我們現在就來討論一下。首先需要考慮的是，假如我們在輸入時用了一個純音，情

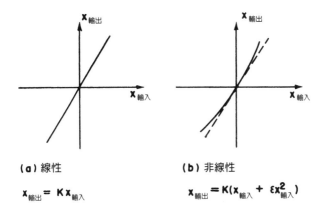

圖 50-4 線性與非線性響應

況會如何。我們設 $x_{輸入} = \cos \omega t$。如果我們把 $x_{輸出}$ 當作是時間的函數來作圖,就得到圖 50-5 中以實線所表示的曲線。虛線的曲線是用來做比較的,是線性系統的響應。我們看到,這個輸出不再是餘弦函數。它的頂端比較高起,而底端則比較平坦。我們說這個輸出受到額外的**扭曲**了。然而,我們知道,像這樣的波不再是純音,而會有高階諧波。我們可以找出這些諧波。應用 $x_{輸入} = \cos \omega t$ 和 (50.25)式,我們可以得到

$$x_{輸出} = K(\cos \omega t + \epsilon \cos^2 \omega t) \tag{50.26}$$

從等式 $\cos^2 \theta = \frac{1}{2}(1 + \cos 2\theta)$,我們得到

$$x_{輸出} = K\left(\cos \omega t + \frac{\epsilon}{2} + \frac{\epsilon}{2} \cos 2\omega t\right) \tag{50.27}$$

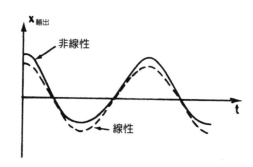

<u>圖 50-4</u>　非線性裝置對輸入 cos ωt 的響應。圖中所示的線性響應用來當
作比較。

這個輸出不但在基頻（原先的輸入頻率）有一個分量，第二諧波也
有一些。輸出也出現一個常數項 $K(\epsilon/2)$，相當於整個函數曲線的
平均值向上或向下移動，如圖 50-5 所示。這種可以造成平均值改
變的過程，稱為**整流**（rectification）。

　　非線性響應會整流（把曲線向上下移動），而且會產生原先輸
入頻率的高階諧波。雖然我們剛才假設的非線性只產生第二諧波，
但是高階非線性響應，也就是那些具有諸如 $x_{輸入}^3$ 和 $x_{輸入}^4$ 的項，將會
產生比第二諧波更高階的諧波。

　　非線性響應所造成的另一個效應是**調制**（modulation）。假如我
們的輸入函數包含兩個（或是更多）純音，那麼輸出除了具有諧波
以外，尚會有其他頻率的分量。設 $x_{輸入} = A \cos \omega_1 t + B \cos \omega_2 t$，
並**沒有**刻意選擇讓 ω_1 和 ω_2 彼此是諧波（某個基頻的整數倍）。輸出
中除了線性的項（等於 K 乘上輸入）之外，還有一個分量如下：

$$x_{輸出} = K\epsilon(A \cos \omega_1 t + B \cos \omega_2 t)^2 \tag{50.28}$$

$$= K\epsilon(A^2 \cos^2 \omega_1 t + B^2 \cos^2 \omega_2 t + 2AB \cos \omega_1 t \cos \omega_2 t) \tag{50.29}$$

在(50.29)式中，兩個括號內的前面兩項，就是先前看過的常數項與第二諧波的項。最後一項是新的。

我們可以從兩方面來看這新的「交叉項」$AB \cos \omega_1 t \cos \omega_2 t$。第一，假如兩個頻率的差異非常大（比方說 ω_1 比 ω_2 大得多），我們可以認為，這個交叉項代表振幅在變的餘弦振盪。也就是說，我們可以把這些因子想成：

$$AB \cos \omega_1 t \cos \omega_2 t = C(t) \cos \omega_1 t \qquad (50.30)$$

其中

$$C(t) = AB \cos \omega_2 t \qquad (50.31)$$

我們說，$\cos \omega_1 t$ 的振幅受到頻率 ω_2 的調制。

或者換個方式，我們可以把這個交叉項寫成另一種形式：

$$AB \cos \omega_1 t \cos \omega_2 t = \frac{AB}{2} [\cos (\omega_1 + \omega_2)t + \cos (\omega_1 - \omega_2)t]$$
$$(50.32)$$

我們就有兩個**新**分量，一個頻率是**和**頻（$\omega_1 + \omega_2$），另一個頻率是**差**頻（$\omega_1 - \omega_2$）。

以上是兩個不同、但卻等效的方法，來看待同樣的結果。用 $\omega_1 \ll \omega_2$ 的特例來連結這兩個觀點，我們注意到，由於（$\omega_1 + \omega_2$）和（$\omega_1 - \omega_2$）頻率彼此非常接近，我們預期會觀測到拍。但是這些拍正好就是：用差頻 $2\omega_2$ 的一半來調制**平均**頻率 ω_1 的振幅。因此，我們可以看出，為什麼這兩種描述是等效的。

　　總之，我們找到了非線性響應所產生的幾個效應：整流、產生高階諧波，以及調制，也就是產生和頻與差頻分量。

　　我們應該注意，以上這些效應（即(50.29)式）不但與非線性係數 ϵ 成正比，也與兩個振幅的乘積成正比，也就是與 A^2、B^2 或 AB 成正比。我們預期，比起弱訊號，這些效應可能對**強**訊號更爲重要。

　　我們描述的這些效應，具有許多實際的用途。首先，已知耳朵聽聲音是非線性的。相信這可以解釋，音量很大時，即使只是純音，我們感受的是有**聽到**諧波，也可以分辨出和頻與差頻。

　　音響設備，比如放大器、揚聲器等等，都帶有一些非線性響應。它們造成聲波的扭曲，也就是產生諧波等等，這些本來不存在於原聲之中。這些新的分量聽在耳朵中，顯然令人感到不愉快。就是這個原因，設計「高傳眞」（Hi-Fi）設備時，盡可能要達到線性的。（但是爲什麼**耳朵**的非線性並**不會**因此引起不快，甚至我們又怎樣知道，那個非線性響應是來自**揚聲器**，而不是來自**耳朵**，原因都不太清楚！）

　　非線性響應非常**必要**，而且事實上，在製造無線電發射和接收設備的某些零件上，還得故意擴大其非線性特質。在 AM 發射器裡，「聲音」訊號（頻率是若干千週／秒）與「載波」訊號（頻率是若干百萬週／秒）在稱爲調制器（modulator）的非線性電路中組合在一起，產生調制振盪，以便被發射出去。在接收器裡，接收到的訊號的分量進入非線性的電路中，與調制載波的和頻跟差頻結合在一起，聲音的訊號再次呈現。

　　在討論光的傳送的時候，我們假設，電荷受驅動而出現的振盪與光的電場成正比——這種響應是線性的。那其實是非常好的近似。

　　最近幾年，光源的進步（雷射）才有夠強的光線，我們才能夠觀察到非線性效應。我們現在可以產生光波的高階諧波了！用很強的紅光照射玻璃，會有一點點藍光（第二諧波）穿透玻璃而出！

第51章

波

51-1　弓形波

　　雖然我們已經結束了對波的定量分析，多加這一章的目的在於，有多種無法在本課程詳細分析的波現象，予以定性的賞析。前面已連續很多章在探討，這一章的主題或許稱爲「與波相關的某些較複雜現象」，會更恰當。

　　首先要討論的項目是，波源移動得比波速或相速度更快所產生的效應。我們先來考慮速度固定的波，比如聲波和光波。假如我們有一個聲源，它移動的速度比聲速快，就會發生以下情況：假設在某指定的時刻，在圖 51-1 的點 x_1 的聲源產生了一個聲波；然後，在下一個瞬間，當聲源運動到 x_2，而原先的波從 x_1 擴展到半徑爲 r_1 的圓上，r_1 小於聲源移動的距離；當然，同時有另一個聲波從

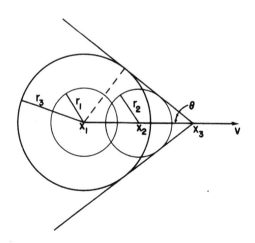

圖 51-1　震波（shock wave）的波前位於錐體上，錐體的頂點是波源，半角 $\theta = \sin^{-1} c_w/v$。

x_2 開始擴展出去。聲源再移動得更遠一點時,到達了 x_3,會有一個聲波從那裡開始:來自 x_2 的波現在已經擴展到了以 r_2 爲半徑的圓上;而來自 x_1 的波,此刻則已經擴展到了以 r_3 爲半徑的圓上。

當然,這些波是連續不斷產生的,而非一步做完再進行下一步,因此我們有一系列的波圈,它們共同的切線經過聲源的中心。我們看到,有別於「靜止聲源產生球面波」,移動聲源產生的波前在三維空間中形成錐體,也就是在二維空間中形成兩條直線。這個錐體的角度很容易就可以算出來。在某段指定的時間內,聲源移動一段距離,比如說是 $x_3 - x_1$,與聲源的速度 v 成正比。與此同時,波前已經移動了一段距離 r_3,與波速 c_w 成正比。因此很清楚,開口半角的正弦等於波速除以聲源的速率,而且只有在 c_w 小於 v 的情況下,也就是物體的速率比波速快時,這個正弦才有解:

$$\sin \theta = \frac{c_w}{v} \tag{51.1}$$

順便一提,雖然我們暗示,必須要有聲**源**,說來有意思,一旦物體移動的速率比聲速快時,就會**發出**聲音。也就是說,並不需要具有某種音調振動特性,任何物體運動在介質中移動的速率如果比介質載波的速率快,運動本身就會自動在各邊產生波。聲音的例子很簡單,它也發生在光的情況。我們原先可能以爲沒有東西能夠移動得比光速還快。然而,光在玻璃中的相速度,就比光在眞空中的速率小,我們可以把一個帶電的高能粒子射入一塊玻璃,使得粒子的速率接近於眞空中的光速,雖然光在玻璃中的速率可能只有眞空中光速的 $\frac{2}{3}$。粒子在介質中移動得比介質中的光速還快時,會產生錐形光波,其頂點在光源,就像船的尾波一樣(事實上,這是來自同樣的效應)。測量錐體的角度,我們就能夠決定出粒子的速率。這種決定粒子速率的方法,也是高能研究中決定粒子能量的一種方

法。只要測量光的方向即可。

　　這種光有時候稱為契忍可夫輻射，因為是由契忍可夫（Pavel A. Cherenkov）最先觀察到的。這個光該有多少強度，經夫蘭克（Il'ja M. Frank）和塔姆（Igor Y. Tamm）以理論加以分析。這三人就因為這項工作，而獲得 1958 年的諾貝爾物理獎。

　　以上現象對應到聲音的情況，可以由圖 51-2 來說明，這是某物體以大於聲速的速率通過氣體的照片。壓力的改變造成折射率的改變，合適的光學設備使波的邊緣變成可見。我們看到，物體移動得比聲速率快時，確實會產生了錐形波。但是仔細觀察看出這個表面實際上是彎曲的。它漸近於直的圓錐，可是在接近頂點的地方是彎曲的，我們現在必須討論為什麼會這樣，這也將帶領我們進入這一章的第二個項目。

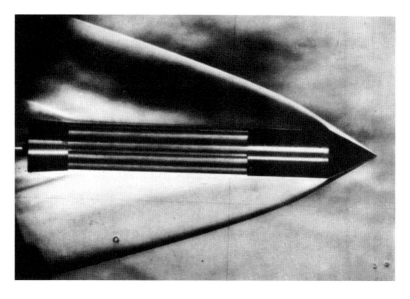

圖 51-2　氣體中的震波，由運動得比聲音快的拋射體所導致。

51-2 震 波

　　波速通常會隨著振幅改變，在聲音的情況，聲速則以下列方式隨振幅變化。物體穿過空氣移動時，必須把空氣趕開，所產生的干擾有某種壓力落差驟減，也就是在波前之後的壓力，大於波還沒有到達的未受擾區域的壓力（假定這個波以正常的速率行進）。波前通過以後，該處空氣剛經歷過絕熱壓縮，因此溫度會升高。聲速隨著溫度的增加而增加，所以在壓力落差後方的速率會超過前面空氣中的速率。意思是，在這個階段以後所造成的任何擾動，例如物體繼續推進造成的，或其他種類的擾動，都會跑得比前面的快，因為速率隨著壓力變高而增加。

　　圖 51-3 說明了這種情況，在壓力線上有一些小凸起幫助我們想像。我們看到，後面壓力較高的區域，隨著時間的進展，會追趕到前面，終於壓縮波形成陡峭的波前。假如強度非常高，這個「終於」就是立刻；如果強度很弱，那就需要一段長時間；事實上，很可能在這之前，聲音已經散開聽不到了。

　　我們說話時所發出的聲音，和大氣壓相比是非常弱的，大約只有其百萬分之一。但是，壓力每改變一到數個大氣壓，波速就大約

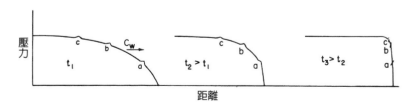

圖 51-3　連續的波前瞬時「快照」

增加百分之二十，波前變陡峭的速率也相對升高。自然界沒有**無限**快速發生的事情，因此我們所謂的「陡峭的」波前，實際上仍有一些寬度，並非無限的陡峭。波前壓力驟減的範圍距離大約與平均自由徑同一數量級，在這情形下，波動方程式的理論開始不再適用，因為我們並未考慮到氣體的結構。

　　現在，再看圖 51-2，我們看出這個曲線還是可以理解，只要我們能夠瞭解到，靠近頂點的壓力比後面極遠處要高，因此角度 θ 就比較大。也就是說，這個曲線是「速率隨著波強度改變」的結果。因此，原子彈爆炸所產生的壓力波，剛開始比聲速快，一直到跑得夠遠，壓力波擴散到很弱，壓力曲線的小凸起比起大氣壓力小很多，這時小凸起的速率就會接近於周圍氣體中的聲音速率。（順便一提，震波的速率總是高於前面氣體中的聲速，也總是低於後面氣體中的聲速。也就是說，從後面來的脈衝會到達波前端，但是波前進入某介質的速率總是高於訊號在該介質中的速率。因此，光憑聲音，我們無法事先知道有震波要來，發生了才會知道。原子彈爆炸的光會先到達，但是沒有人能夠在震波抵達前知道它會來，因為沒有聲音訊號比它早。）

　　這種波的堆積是頗具意思的現象，它所依賴的主要觀點是，當一個波存在以後，合成波的速率應該比較高。下面是同一現象的另一個例子。考量某有限寬度和有限深度的長水道中的水流。假如有一個活塞，或是一道橫過水道的牆壁，沿著水道移動得夠快，水會堆積起來，就像堆在鏟雪機前面的雪一樣。現在假設情況如同圖 51-4 所示，水道某個地方的水突然高起一階。水道中的長波在深水中比在淺水中行進得更快，這點可以證明。因此由活塞所提供的任何能量新凸起（或不規則）都會向前跑，並且在前面堆積起來。我們再一次從理論看出，最後會得到的就是有陡峭波前的水。

圖 51-4

　　然而，就像圖 51-4 所示，這裡有許多複雜現象。照片是沿水道來的一個波；活塞位於水道的極右端。起先，波看起來非常平穩，就像我們所預期的一樣，但是沿著水道流得愈遠，波前會變得愈來愈陡峭，直到發生了照片中的情況。當水紛紛落下，水面激烈翻騰，但本質上是非常陡峭的水面上升，而且對前面的水不會造成擾動。

　　實際上，水比聲音要複雜得多。但是，為了舉例說明，我們會試著分析這樣在水道中，所謂激潮的速率。重點是，本例子對我們的宗旨並不重要，因為不能推廣至其他現象，只是要說明，我們已經知道的力學定律足以解釋這個現象。

　　假想一下，水真的看起來像圖 51-5(a) 一樣，比較高的高度 h_2

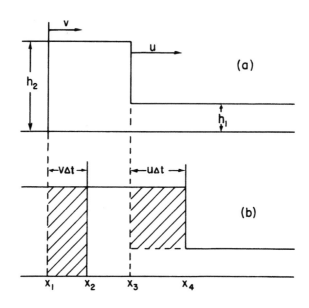

圖 51-5　水道中的激潮的兩個截面，(b) 比 (a) 晚了一個時間間隔 Δt。

的水以速度 v 運動，並且波前是以速度 u 移動進入未受擾的水中，這裡的高度是 h_1。我們想決定波前運動的速率。在時間 Δt 內，原本在 x_1 的垂直平面開始移動一段距離 $v\,\Delta t$ 達到 x_2，而波前則移動了 $u\,\Delta t$。

　　現在我們套用物質守恆和動量守恆方程式。首先利用前者：就每單位的水道寬度，我們知道，已經過 x_1 的物質量 $h_2 v\,\Delta t$（陰影部分）被另一陰影區域所補償，這區域的物質量是 $(h_2 - h_1)u\,\Delta t$。兩個量的值除以 Δt，就得到 $vh_2 = u(h_2 - h_1)$。這並沒有告訴我們什麼，因為雖然我們有了 h_2 和 h_1，但是我們既不知道 u，也不知道 v；我們需要想辦法得到它們兩個。

下一步是要應用動量守恆。我們還沒有討論過水壓問題，或任何流體動力學，但無論如何，很清楚的是，在某個深度的水壓應該剛好足夠支撐在它上面的水柱。因此水壓等於水的密度 ρ、乘上 g、再乘上水面以下的深度。因為壓力隨深度而線性遞增，在 x_1 處的平面的平均壓力，就是 $\frac{1}{2}\rho g h_2$，也是每單位寬度、每單位高度把這平面推向 x_2 的平均力。因此我們再乘上另一個 h_2，以得到從左側推過來、作用在水體的總力。另一方面，在水的右側也有一個壓力，對討論中的區域施加一個方向相反的壓力，用同樣的分析方法，它應該是 $\frac{1}{2}\rho g h_1^2$。現在我們必須平衡這兩個力，以對抗動量的變化率（力）。所以我們必須要找出在圖 51-5 情況 (b) 的動量，比情況 (a) 要多出來多少。我們知道，以速度 v 移動的質量現在多出來 $\rho h_2 u\,\Delta t - \rho h_2 v\,\Delta t$（每單位寬度），如果把這個乘上 v，就是額外的動量，應該等於衝量 $F\,\Delta t$：

$$(\rho h_2 u\,\Delta t - \rho h_2 v\,\Delta t)v = (\tfrac{1}{2}\rho g h_2^2 - \tfrac{1}{2}\rho g h_1^2)\,\Delta t$$

假如我們代入已經知道的 $vh_2 = u(h_2 - h_1)$，消去 v，並且簡化，我們最後得到 $u^2 = gh_2(h_2 + h_1)/2h_1$。

如果高度的差非常小，h_1 和 h_2 幾乎相等，這式子中的速度 $= \sqrt{gh}$。我們在後面可以看到，只有在波長比水道的深度大時，才能夠成立。

對於聲波，我們可以用相同的方法來處理——包括內能守恆，但不能用熵守恆，因為震波是不可逆的。事實上，如果我們檢視激潮問題中的能量守恆，就可以發現，能量是不守恆的。但是假如高度的差很小的話，能量幾乎完全守恆，可是一旦高度差變得夠大時，就會有淨能量損失。這就呈現在圖 51-4 中的落水和翻騰。

　　從絕熱反應的觀點來看，震波彷彿有相對應的能量損失。聲波在震波後方的能量，在震波過去以後，會轉變成為氣體的熱，相當於激潮中水的翻騰。瞭解物理的過程中，聲波的情況需要三個方程式才能夠求出解答，我們已經看見，震波後方的溫度和它前方的溫度不相同。

　　假如我們把激潮上下倒轉過來（$h_2 < h_1$），就會發現，每秒的能量損失是負值。能量不是到處都有，所以激潮沒有辦法自我維持，它不穩定。如果我們一開始就有這樣的波，它會逐漸變平而後消失，這是因為我們前面所討論過的情況中，波前變得陡峭是速率隨高度改變的結果，現在看到的是相反的效應（波前愈來愈平緩）。

51-3　固體中的波

　　接下來要討論的波是在固體中複雜的波。我們已經討論過氣體和液體中的聲波，固體中的聲波也有直接的類比。假如對固體突然施加一個推力，固體會受到壓縮。為了對抗這個壓縮，因此就產生了類似聲音的波。然而，還有另一種波也有可能發生在固體中，但是卻不會存在於流體中。假如固體由於側邊被推而變形〔稱為**切變**（shearing）〕，它會試著把自己拉回原狀。這就是固體和液體在定義上的區別；如果我們（從內部）使液體變形，維持一段時間，讓它穩定下來，然後放開，液體仍然會保持那個樣子，可是假如我們推固體，例如斜著推「果凍」，然後放開，果凍會彈回去，並且開始出現**切變**波，切變波會像壓縮波一樣前進。在所有的情況下，切變波的速率都會比縱波（longitudinal wave）小。切變波有偏振，較類似光波。聲音沒有偏振現象，它只是壓力波。光波的特性是在垂直

於行進方向有特殊方向性。

在固體中，這兩種波都存在。首先，是類似聲波的壓縮波，它以某一速率行進。假如固體不是結晶質，不管哪個方向偏振的切變波會以其特徵速率（characteristic speed）傳播。〔當然所有的固體都是結晶質，但是如果我們用的固體是各種取向的微晶（microcrystal）所構成的東西，各晶體的異向性（anisotropy）會彼此抵消。〕

下面是另一個與聲波有關的有趣問題：假如固體的波長變得愈來愈短，會發生什麼狀況呢？波長能變得多短？有趣的是，波長不可能變得比原子之間的距離更短，因為假設有一個波，其中的一點往上，緊鄰的一點往下等等，最短的波長很明顯就是原子之間的距離。以振盪模態來說，我們可以把它們分成縱向模態（longitudinal mode）、橫向模態（transverse mode）、長波模態（long wave mode）、以及短波模態（short wave mode）。在波長與原子之間的距離不相上下時，這些速率就不再是常數；這時，速度隨波數而變，會有頻散效應（dispersion effect）。推到極致，橫波的最高模態是每個原子都和鄰近原子做相反運動的那種模態。

現在從原子的觀點來說，情況就像先前討論過的兩個擺，它有兩種模態，一種是兩擺同方向運動，而另外一種模態則是兩擺反向運動。固體波可以用另外的方法來分析，以耦合諧振子系統來分析，這種系統就像擁有龐大數目的擺，最高模態是相鄰的擺彼此朝相反方向振盪，而較低模態則是各個擺彼此有種種週期關係。

最短的波長短到在技術上通常沒有辦法得到。然而，它們卻也是最有趣的，因為在固體的熱力學理論中，固體的熱性質，例如比熱，可以經由短聲波的性質來分析。聲波的波長愈來愈短，短到極限，一定會碰到原子在個別運動的情形，這兩者到頭來是同一回事。

固體中的聲波包括縱波和橫波，有一個例子頗具趣味，就是固態地球中的波。我們不知道這些噪音從哪裡來，但是在地球內部時常發生地震，就是岩石互相擠壓錯動，發出微小的噪音。由這樣聲源所產生的波類似聲波，波長比一般所認為的聲波波長還要長許多，但仍然還是聲波，而且它們在地球內部繞行。然而，地球並不是均勻的，它的壓力、密度、壓縮性等性質，都隨深度改變，因此波的速率也隨深度改變。這些波不是直線進行，彷彿有某種折射率存在，波會曲線前進。縱波和橫波具有不同的速率，對不同的速率有不同的解。

所以，假如我們把地震儀放在某個位置，在別的地方發生了地震以後，我們觀察儀器所記錄訊號的上上下下，這種不規則訊號不只一個。開始時我們或許會看到訊號上上下下，隨後逐漸靜止下來，然後又一次訊號上上下下，發生的情況視位置而定。如果我們離地殼擾動處夠近，我們會先收到縱波，接著才是橫波，因為後者行進得比較慢。由測量這兩者之間的時間差，我們就能夠判斷地震距離有多遠，前提是我們對波速和波所經過的地球內部構造有足夠瞭解。

圖 51-6 是波在地球內部行為模式的例子。縱波和橫波兩種波以不同的符號來代表。如果在標示「震源」的地方發生地震，橫波和縱波會走最直接的路線在不同時間抵達測震站，在地殼結構不連續處也會發生反射，因而會有經其他路徑在別的時間抵達的波。在地球中心的地核，沒有辦法傳送橫波。假如測震站與震源隔著地球相對，橫波還是可以抵達，但是測量到的時間就不是直接跨過地球直徑而抵達，原因是，當橫波來到地核外緣，而且通過界面時是斜斜進入（不是沿著界面法線），就會產生兩個新的波（橫波和縱波）。但是橫波無法在地核中傳遞（起碼目前已知證據只看到縱波

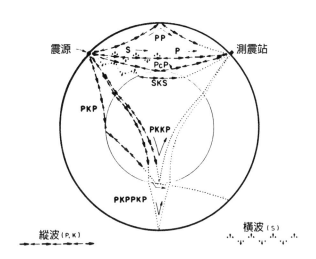

圖 51-6　地球示意圖，顯示縱波和橫波的路徑。

可以）；當縱波穿越地核而出，在地核外緣又分成兩種波形，個別
抵達測震站。

　　就是從這些地震波的行為，才確定橫波不能夠在地球最內圈中
傳播。意思是說，地球的中心是液體，不能夠傳播橫波。我們想知
道地球內部的性質，唯一的方法就是研究地震。從不同測震站對許
多地震的大量觀測資料，我們找出了震波的詳細數據──譬如速
率、折射曲線等等。我們已知道各種波在各個深度的速率。知道了
這些，就可能找出地球的正常模態，因為我們知道聲波的傳播速率
──換言之，可以知道這兩種波在各個深度的彈性性質。假設把地
球擠壓成一個橢球，然後放開。只要把在橢球內繞行的波疊加起
來，就能決定某自由模態的週期和各種形狀。我們已經知道，一有
擾動，就會產生許多模態，從橢球形的最低模態，到有很多結構的

較高模態。

1960 年 5 月智利大地震製造了相當大的「噪音」，大到訊號在地球內繞行許多圈。當時正好有十分精確的新型地震儀啓用，可以用來測定地球基諧模態的頻率，拿來和用已知速度、根據聲音理論計算而得的數值比對（那些已知速度是從許多個別地震測量得到的）。這次實驗的結果如圖 51-7 所示，是訊號強度對震盪頻率所作的圖（**傅立葉分析**）。

請注意，在某些特定頻率所接收到的訊號比在其他頻率要高許多；有很多明確的極大值。這些都是地球的固有（自然）頻率，因為它們是地球能夠震盪的主要頻率。換句話說，假設地球的整個運動是由許多不同模態所組成的，我們可預期在每個測震站會得到不規則的凸起，相當於許多頻率的振幅的疊加。如果我們用頻率來加以分析，應該可以找到地球的特徵頻率（characteristic frequency）。

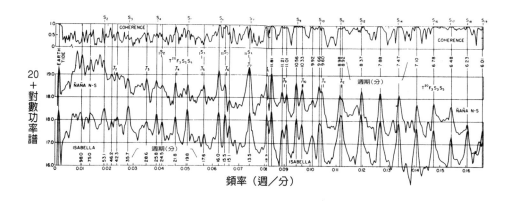

圖 51-7　位於祕魯那那（Ñaña）和加州伊沙貝拉（Isabella）的地震儀所測量到的功率對頻率圖。曲線彼此有多相似，是不同測震站之間耦合程度的度量。（取自 Benioff, Press and Smith, J. Geoph. Research **66**, 605 (1961).）

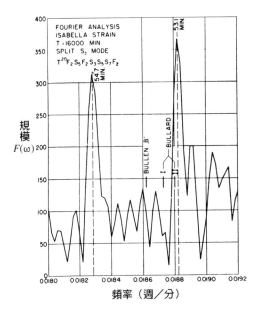

圖 51-8 某地震儀記錄的高解析度分析，顯示出譜雙線。

圖中垂直線是計算出來的頻率，跟實際數據的各個極大值非常密切
吻合，這表示用來解釋地球內部的聲音理論是正確的。

　　圖 51-8 有個地方令人好奇，這個圖是地球的最低模態，也就
是橢球模態，予以仔細的測量，可以得到比較好的解析。請注意，
最大值不只一個，而有兩個，分別在頻率為 54.7 分和 53.1 分的地
方，稍微有所不同。在做這個測量時，並不知道出現這兩個不同頻
率的原因，雖然當時也許已經注意到了。至少有兩種可能的解釋：
一個可能是，由於地球內部分布不對稱，會導致兩個相似的模態。
另一個（更有趣的）可能是：想像這些波是從震源出發往兩個方向
在地球內繞行。因為在運動方程式中的地球自轉效應，這兩個速率

不會相等，在先前進行分析時並沒有把這種效應考慮進去。旋轉系統中的運動會受到柯若利斯力（Coriolis force）的修正，觀摩到的分裂現象可能就是它造成的。

　　分析地震的方法，地震儀所記錄的不是振幅曲線的頻率函數，而是位移的時間函數，描跡總是非常不規則。要想找到各個不同頻率的各個正弦波的量，我們知道有一個技巧是把數據乘以某特定頻率的正弦波，然後積分，也就是把它平均，在平均過程中，所有其他頻率都會消失。因此，這些圖形是把數據乘以每秒不同週期的正弦波，予以積分之後畫出的圖。

51-4　表面波

　　現在，下一個要探討的波是水波，這是每個人都可以很容易看到的現象，並且通常用來做為基礎課程中的例子。我們很快就可以看到，水波實際上是很不理想的例子，因為水波一點也不像聲波或光波；而且波的所有複雜性質在水波都找得到。

　　讓我們先看深水中的長波。如果把海洋想像成無限深，在表面製造一個擾動就可以產生波。各種不規則運動都會發生，但是由非常小的擾動所產生的正弦曲線型運動，可能看起來像是一般流向海岸的平滑海浪一樣。有這種波的海水，當然平均下來是靜止不動，但波實際上是在移動。那麼波是什麼樣的運動呢？是縱波，還是橫波？肯定兩者都不是；它既不是橫波，也不是縱波。雖然在某特定點的水，一下子在波谷、一下子在波峰，不停更迭，但水的守恆律不允許它只是簡單上下移動。那麼，水面降低的時候，水流到哪裡去？

　　基本上，水是不能夠壓縮的。波裡的分子的壓縮速率，也就是

水中聲音的速率，非常、非常的大，此刻我們暫時不考慮它。我們在談的這個尺度的水是不能壓縮的，當波峰落下時，水必須離開這個區域。真正發生的情況是，靠近表面的水粒子以近似於圓圈的形狀在移動。當平滑的巨浪過來時，用游泳圈漂浮在水上的人可以看見身邊某物體是在水中打轉。這是縱波和橫波的混合，使得分析更加困難。水深愈深的地方，運動的圓圈愈小，直到相當深度時，所有的運動就都消失了（見圖51-9）。

　　要想找到這種波的速度，是頗為有趣的問題：它必定是水的密度、重力加速度（是造成波的回復力），可能還包括波長與深度的某種組合。假如我們選擇深度無限大的情況，波速就可以跟深度無關。波的相速度的正確公式，必定是足以得到恰當因次的因子組合，嘗試過各種方法後，就會發現只有一種方法能夠把密度 g 和 λ 結合成速度，就是 $\sqrt{g\lambda}$，完全沒有把密度包括在內。事實上，這個相位的速度公式並不完全正確，但是動力學的完整分析（我們在此將不深入討論）顯示我們已得到的各項因子，除了差 $\sqrt{2\pi}$ 以外：

$$v_{相} = \sqrt{g\lambda/2\pi} \text{（對重力波而言）}$$

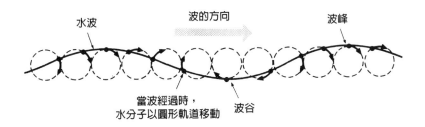

圖 51-9　深水波是繞圈運動的粒子所形成的。請注意由圓圈到圓圈之間有規律的相位移。漂浮的物體會如何移動呢？

有趣的是，長波比短波走得快。某艘大船在離岸較遠處經過，另有人駕著快艇在離岸近處飛馳而過，不久之後，到達岸邊的浪先是慢慢的拍打岸邊，隨後愈來愈快，因為最先到的波是長波。隨著時間過去，波愈來變得愈短，這是由於速度隨著波長的平方根在改變。

　　有人可能會反對，說道：「這根本不對，我們必須用**群**速度來分析！」這想法當然沒有錯。因為相速度的公式並沒有告訴我們哪一個先到達；只能給我們群速度。因此我們必須算出群速度，現在就留給大家一個習題，假設速度隨著波長的平方根在改變（我們只需知道這一段就夠），請證明群速度是相速度的一半。群速度也隨著波長的平方根在改變。

　　群速度怎麼會只有相速度的一半呢？如果有人看到一艘船經過所造成的一群波浪，然後盯著某個特定的波峰，他會發現，這個波峰隨著群體向前移動，並且愈來愈弱，直到波前完全消失，而神奇又神祕的是，原先在後面的弱波卻正努力向前移動，而且愈來愈強。簡而言之，波移動穿過波群，而波群卻只以波移動速率的一半在移動。

　　因為群速度與相速度不相等，因此物體移動經過所產生的波，就不再只是錐體，而是更有趣的東西。我們在圖 51-10 中看到，物體經過水域所產生的波。請注意，這和聲波十分不同，聲波的速度不隨波長變化，波前只是沿著錐體向外行進。而在這裡，船後面的波，其波前的運動方向與船的運動方向平行，此外，在兩側還有小波，以其他的角度存在。這個波的整個模式可以分析，需要一點巧思，只要知道：相速度與波長的平方根成正比就行了。這裡的訣竅是，相對於（等速前進的）船，波的模式是靜止的；任何其他模式都會消失。

　　到目前為止，我們的水波都是長波，其回復力來自重力。但是

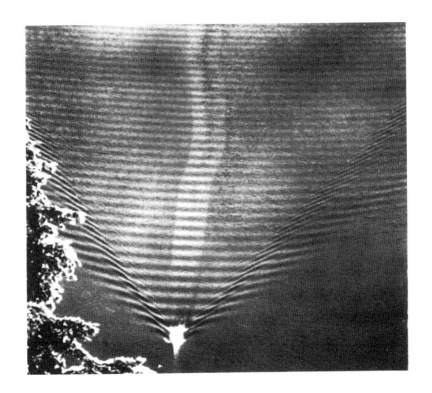

圖 51-10 船的尾流

當波在水中變得非常短時,主要的回復力則是由於毛管吸力(capillary attraction),也就是表面能量(表面張力)所造成的。對表面張力波來說,相速度是

$$v_{相} = \sqrt{2\pi T / \lambda\rho} \ (對漣波而言)$$

此處的 T 是表面張力,而 ρ 是密度。這和重力波恰恰相反:在波長變得非常小時,波長愈短,相速度**愈高**。當我們同時有重力與

毛細作用時（通常兩者共存），我們得到兩者的合成：

$$v_{相} = \sqrt{Tk/\rho + g/k}$$

在這裡，$k = 2\pi/\lambda$ 是波數。所以水波的速度眞的是非常複雜。

　　圖 51-11 顯示相速度對波長的函數；對非常短的波來說，相速度很快，對於長波來說，相速度也很快，而且波要移動，有一個最起碼的值。從公式可以計算出群速度：漣波（ripple）的群速度是相速度的 $\frac{3}{2}$；重力波的群速度是相速度的 $\frac{1}{2}$。在最小值的左側，群速度高於相速度；在右側，群速度則是低於相速度。

　　有幾個有趣的現象和這些事實有關。首先，因爲波長縮短時，

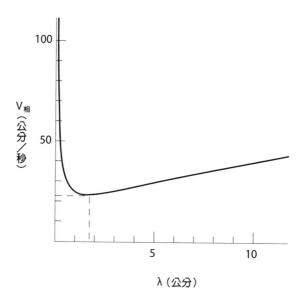

圖 51-11　水的相速度對波長的情形

群速度增加得非常快，假如我們擾動水體，會有最慢的波動以那個最小的相速度和所對應波長前進，在前方以較高速度前進的，會是一個短波以及一個非常長的波。在水槽中，很難看清楚長波，但是短波很容易就能看見。

所以我們看到，經常用來說明簡單波的漣波，實際上卻是既有趣又複雜；它們完全沒有明顯陡峭的波前，不像簡單的聲波和光波的例子。主波會有小漣波跑在前面。水體劇烈擾動不會產生清楚的波，因為頻散的關係。最先過來的是非常細的波。此外，假如一個物體以某個速率穿過水面移動，會造成十分複雜的波浪模式，因為各個波以不同的速率在移動。

我們可以用一盤水來示範，就可以看到，跑最快的是那些微小的毛細波（capillary wave）。然後有某一種最慢的波跟在後面。如果把盤底傾斜，我們則能夠看到，愈淺的地方，速率就愈慢。假如有個波對著最大斜率的線以一個角度過來，它會彎曲，並傾向於對齊那條線。用這種方法，我們能夠示範許多東西，因此我們可以結論說，水中的波比空氣中的波要複雜得多。

在水分子做圓圈運動的水體中，長波的速率在較淺的地方比較慢，在深水中則比較快。所以當水沖向愈來愈淺的沙灘時，波的行進愈來愈慢。但是在水比較深的地方，波速較快，因此我們得到震波效應。在這裡，因為波並不單純，震波變形得更嚴重，而且波在本身上方彎曲，就像圖51-12所出現那種常見的樣子。這是波沖到岸邊的情況，充分顯示了大自然真正很複雜。到目前還沒有人能夠解釋，波打下來散掉時應該是什麼形狀。當波很小的時候，比較容易解釋，但是當波變得很大、隨後又散碎開時，情況就會變得更複雜。

毛細波有個有趣特色，可以從物體移過水面時所造成的擾動看

圖 51-12　水波

出來。從物體本身的觀點而言,水從旁邊流過,停在它四周的波,就是速率一直維持剛好的波,它們和這水中的物體保持相對靜止的狀態。同樣的,溪流中的物體,有溪水圍繞流過,波的模式也是靜止的,它們的波長剛好能夠讓它們和流過的水具有同樣的速率。但是假如群速度比相速度小,那麼擾動就在溪流中往相反方向傳播,因為群速度沒有辦法和溪流速度保持一致。如果群速度比相位速率快,波的模式會出現在物體的前面。假使仔細觀察在溪流中的物體,我們可以看到,在物體前面有小的漣波,而在後面則是拖得長長的長水波。

　　另外一個有趣的類似特色,可以在倒液體時觀察到。例如,假如把讓牛奶從瓶子中倒出來的速度夠快,在流出來的牛奶中,可以看到很多朝兩個方向的線條交叉。它們是牛奶流邊緣的擾動所產生

的波，並往外流，非常類似溪流中圍繞物體的波。來自兩邊的效
應，就造成這種交叉的圖樣。

　　我們已經研究了波的某些有趣性質，以及各種複雜的關係，例
如相速率隨著波長改變、波速則隨著深度改變等等，由此而瞭解非
常複雜、卻又有趣的自然現象。

第52章

物理定律中的對稱

52-1 對稱運作

這一章的主題，我們或許可稱之爲**物理定律中的對稱**。我們已經再介紹向量概念（第 11 章）、相對論（第 16 章），以及旋轉（第 20 章）之時，討論過與物理定律中的對稱相關的某些特點。

我們爲什麼應該關心對稱呢？首先，對稱對於人的心智來說，具有非常大的魔力，每個人都喜愛有些對稱的物體或圖形。很有趣的一個事實是，我們在周遭世界所找到的物體中，大自然經常會呈現某種對稱。我們所能想像最對稱的物體，或許就是球體了，而自然界中，正充滿著各式各樣的球體，有恆星、有行星，還有雲裡的小水滴。岩石裡的各式各樣結晶，也展現出很多不同種類的對稱。對於這些對稱的研究，讓我們知道了與固體結構有關的一些重要知識。甚至動物跟植物，也呈現出若干程度的對稱；雖然一朵花或一隻蜜蜂的對稱，不如晶體那樣完美與基本。

但是我們在此主要所關切的，不在於自然界中的**物體**。我們希望探討的是宇宙間一些更了不起的對稱性。那就是存在於**基本定律本身**之內的一些對稱，而這些基本定律控制物質世界的一切運作。

首先，什麼**是**對稱？一個物理**定律**怎麼可能會是「對稱」的？給對稱下定義是有趣的事，不過，我們已經提過，魏爾（Hermann Weyl）給了一個相當不錯的定義：如果有一樣東西，我們能夠對它做些事情，而當我們做完那件事之後，該樣東西看起來仍舊跟以前一樣，那麼該樣東西就是對稱的。比方說，一個對稱的花瓶之所以對稱，是因爲我們從鏡子裡看它，或者把它轉動了一下，它看起來仍然一樣。此處我們希望考慮的問題是，在實驗裡，我們能夠對物理現象或物理狀況做些什麼事，而仍可以得到同樣的結果？表 52-1

列舉了一些已知的運作，在這些運作之下，各種物理現象會維持前後不變。

表 52-1　對稱運作

空間中的平移
時間中的平移
固定角度的旋轉
直線上的等速運動（勞侖茲變換）
時間反轉
空間中的反射
全同原子或全同粒子的交換
量子力學相位
物質─反物質（電荷共軛）

52-2　空間與時間中的對稱

我們首先可能想到要做的，譬如說，在空間中**平移**一個現象。如果我們在某區域做了一個實驗後，然後到空間中另一個區域就地建造同樣的一套儀器（或者把原來那套儀器搬過去），那麼只要我們把兩邊的條件都安排得完全相同，並且注意避開種種使它不能同樣運轉的環境限制，那麼原來儀器內所發生的一切事情，以同樣的順序，就應該會在第二個儀器上重演。之前我們已經討論過如何弄清楚應該把哪些事項包括在所謂的環境因素之內，在此我就不再重複那些細節了。

同樣的，我們如今也相信，**時間上的位移**對物理定律也不會有任何影響。（那只是就**我們目前所知**，這些全都是就我們目前所知

而做出來的推論！）意思是說，如果我們建造好一套儀器，在某個時刻，譬如星期四的早上十點鐘，將它開動，然後再建造一套同樣的儀器，然後在譬如說三天之後，於完全相同的條件下開動。那麼這兩部機器在開動之後隨著時間變化的一舉一動都完全相同，它們的運作跟開動的時刻無關。當然，我們得再次假設，環境裡與時間相關的細節，都已經打理妥當。這種時間上的對稱當然意味著，如果有個人在三個月前買了通用汽車公司的股票，他若改為現在才買，還是會發生同樣的事情！

還有，我們必須注意到地理位置上的差異，當然這是因為地球表面的某些特性會跟著地理位置變化。譬如說，如果我們先測量某地區的磁場，然後把儀器移到其他地區，儀器的運作就不一定會跟原先完全一樣，因為磁場已經不同了。但是我們會說，這是因為磁場跟地球有關。因此我們可以想像：若是我們把整個地球跟著儀器一起移動，那麼儀器的運作情況就不會不同了。

我們曾相當仔細討論的另外一件事情，是空間中的旋轉。如果把一部儀器旋轉了一個角度，只要我們把有關的其他因素也一併旋轉了的話，該儀器就會一樣的運作。事實上，我們在第 11 章已經討論了不少在空間中旋轉之下的對稱問題。為了處理上能夠儘量簡潔，我們還發明了一套叫做**向量分析**的數學系統。

在更高一級的層次上，還有另一種對稱，那就是在等速直線運動下的對稱。它所指的是一種相當奇特的效應，那就是假如我們有一部儀器，它有一定的運轉方式，我們把這部儀器放到一輛汽車上，然後開動汽車，載著這部儀器以及一切相關的環境因素，以等速度直線前進。那麼僅就車子裡面所發生的物理現象來說，一切照舊：所有的物理定律看起來完全一樣。我們甚至知道如何用比較嚴謹的方式，來表示這種對稱，那就是物理定律的數學方程式，在所

謂**勞侖茲變換**（Lorentz transformation）之下，會保持不變。事實上，就是因為當初對於相對論的研究，使得物理學家的注意力都聚集在物理定律的對稱性上。

以上所談論到的對稱，在本質上都是幾何，因為時間與空間約略也是這樣，但是另外還有不同種類的對稱。比方說，有一種對稱是描述同種類的原子能夠交換；換句話說，確實**有**同一類的原子存在。我們可以找到某一群原子，當我們把其中兩個原子互換之後，整群原子組合會不受影響，在互換前後完全一樣，因為原子是完全相同的。例如只要有一個某類型的氧原子表現出某種行為，那麼另一個同類型的氧原子，就會有同樣的行為。有人可能會說：「簡直是荒謬，這不就是同一種類的**定義**嗎？」的確，這可能只是定義而已，但是這個定義無法告訴我們是否真的**有**所謂「同種類的原子」，而**事實**是，自然界中有很多原子是同一種類的。所以當我們說拿一個原子去替換另一個同類的原子，而不會造成任何改變時，這說法還是有其意義的。

組合成原子的所謂基本粒子，依照上述的說法，也分成好多種類。而同類的粒子也是完全相同的：所有的電子全一樣，所有質子全一樣，一切 π 介子也全都一樣，等等。

以上所列一長串事情，都是做了之後不會改變物理現象的。這很可能讓大家以為，我們幾乎可以做任何事，而不造成改變。其實不然，且讓我們看看幾個相反的例子，以瞭解其區別。假定我們問道：「若尺度改變了，物理定律是否仍維持不變？」假如我們建造了一部儀器，然後再依相同設計建造出另一部儀器，樣樣都給放大了五倍，那麼後者的運作還會完全一樣嗎？在這種情況下，答案是**否定的**！譬如說，有個盒子裡裝著鈉原子，發射出光，我們測量其波長；而另一個體積五倍的盒子裡也同樣裝著鈉原子，但發射出的

光，其波長不是前者的五倍長。事實上，兩個盒子所發射的光，波長完全一樣。所以波長與發光物大小之間的比值，是會改變的。

再看另一個例子：每隔一陣子，我們就會從報紙上看到有人用小火柴棒，搭建了一座大教堂模型，這多半是一些退休人員，把小火柴棒一根根用膠黏到一起，完成的藝術作品。這個大教堂模型可是非常精緻，比真的教堂要可愛得多。不過，我們不妨想像一番：如果有人同樣用小火柴棒去建一座跟真實教堂一樣大小的模型，我們就會看出問題來了；它不能維持長久，由於放大的火柴棒強度不夠，整個教堂會垮下來。又有人會說：「雖是這樣，但我們也知道，有外來因素造成影響時，這些因素也必須依比例改變！」

此處我們所說的，不外是物體對重力的承受程度。所以我們應該做的就是，首先把真實的火柴棒大教堂模型與真實的地球看成一系統，因為我們知道它是穩固的，然後我們來看放大的教堂與放大的地球，但是這樣一來情況反而更糟糕，因為重力增加得更多。

如今我們當然瞭解，物理現象之所以跟尺度有關係，是因為自然界的物質全都是由原子組成的。如果我們建造了一部非常小的儀器，小到裡面只有五個原子的話，當然我們就不可能輕易把它放大或縮小。單個原子的尺寸，可不是能隨意變大或變小的，它是相當固定的。

物理定律在尺度改變之下，不會維持不變這件事，是由伽利略（Galileo Galilei）最先發現的。他明白物質的強度並非完全跟其大小成正比，他用以下的例子示範我們剛才拿火柴棒教堂來說明的性質：他畫了兩根狗骨頭，其中一根是一般常見的狗骨頭，有著正常的比例大小，足以支撐普通狗的正常體重，另一根則是一隻他想像中「超級狗」的骨頭，大概是正常狗骨頭的十倍或一百倍，那根超級狗骨頭是個實心的龐然大物，但與平常骨頭相比，有著非常不一

樣的長寬高比例。

　　我們不知道伽利略當時有沒有繼續推論下去，而得到自然定律必然有個固定的尺度這個結論。但是顯然他對於自己這項發現非常得意，重要性不下於他所發現的運動定律，因為他把這兩樣發現一併發表在同一本著作裡，書名為《關於兩門新科學》（*On Two New Sciences*）。

　　另外還有一個我們應該非常熟悉的例子，其中的定律也不是對稱的，那就是：在以等角速度旋轉的系統中，所得到的物理定律，並不同於不旋轉系統中的物理定律。如果我們做實驗，把所有實驗儀器全搬上一艘太空船，然後讓太空船在太空中，以一定的角速度旋轉，則太空船上的儀器運轉起來當然會不一樣，因為我們知道，儀器內部的東西都會被離心力，或稱柯若利斯力，摔向外邊。事實上，我們用所謂的傅科擺（Foucault pendulum）就能夠知道地球在自轉，無須抬頭向外看。

　　接下來我們要談到一個非常有趣，而卻又顯然是錯的對稱，那就是**時間上的可逆性**。物理定律顯然不能反時間而行，因為就我們所知，一切明顯的大尺度現象都是不可逆的。古詩云：「手指寫字，寫完了，不會再回頭。」（The moving finger writes, and having writ, moves on.）* 至目前為止，我們只知道這種不可逆性，來自於所涉及的粒子數目非常巨大；如果我們能夠看得見個別分子，就無法辨認出來這機制的運轉方向是正在向前，還是在倒退。

---

　　*譯注：此為十一世紀波斯學者兼詩人珈音（Omar Khayyám）
　　的詩句，意思是人一生所為是每個人自己的責任，而且是無
　　法回頭改變的。

　　為了更為精確，我們想像建造出一部非常小巧的儀器，我們能夠知道其中所有的原子都正在做什麼，我們能看見原子在跳動。然後我們再建造另一具同樣的儀器，但是讓它從第一具儀器的最終情況開始，讓每個原子各以和原來用正好相反的速度，反其道而行。那麼，**兩具儀器裡上演的事情完全相同，只是次序剛好相反。**

　　換句話說，如果我們拿一部詳細記錄一塊物質內部變化的影片，我們把它照射到屏幕上並倒帶放映，沒有物理學家能夠在看了之後說：「這違背了物理定律，一定是哪裡出錯了！」只要我們不看到全部的細節，當然就會是這樣。如果我們看到的是一顆雞蛋掉到人行道上，蛋殼破裂，蛋黃、蛋白四溢，則我們一定會說：「這是不可逆的事件，因為如果把這捲影片倒帶放映，會看到蛋黃、蛋白聚回到蛋內，破裂的蛋殼復原，而這明顯太過荒謬！」

　　但是如果我們單獨注意個別原子的話，物理定律看起來是完全可逆的。當然這是遠為困難的發現。不過顯然的，各個基本物理定律在微觀及基本層次上，對時間的確是完全可逆的！

52-3 對稱與守恆律

　　物理定律的對稱性，在我們目前討論的層次上，就已經相當有趣了，不過等到我們談論量子力學，對稱性還會變得更加刺激、更加有趣。只是在目前討論的層次上，我們還不能夠把其中的一件事講得很明白。這件事是現在大多數物理學家仍然覺得難以置信的一項事實，是一件最深奧、最美妙的東西，那就是在量子力學裡面，**每一個對稱定則都有一個與之對應的守恆律。**也就是守恆律與物理定律的對稱性之間，有明確的關聯。現在我們只能說到這裡，不去試圖進一步解釋。

譬如說，物理定律對於空間中平移而言是對稱的這件事，配合上量子力學原理之後，就會得到**動量是守恆的**這回事。

物理定律在時間平移之下是對稱的這件事，在量子力學中，就意味著**能量是守恆的**。

在空間中做固定角度的旋轉之後，物理定律保持不變的事實則對應到**角動量守恆**。這些有趣的關聯都是物理學裡面最偉大且最美妙的事。

順便在此一提，有些在量子力學裡出現的對稱性，沒有古典類比，在古典物理學中找不到描述的方法。以下就是其中一例：如果 ψ 代表某一過程的機率幅，我們知道 ψ 的絕對值平方，就是該過程出現的機率。如果換另一人來做這項計算，只是他用的不是 ψ 而是 ψ'，兩者之間只有相位上的差別（假定相位差 Δ 為常數，則 ψ' 就等於 $e^{i\Delta}$ 乘上原先的 ψ），那麼 ψ' 的絕對值平方，亦即事件發生的機率，會等於 ψ 的絕對值平方：

$$\psi' = \psi e^{i\Delta}; \quad |\psi'|^2 = |\psi|^2 \tag{52.1}$$

所以波函數的相位，在加上任意一個常數之後，物理定律仍會維持不變。這又是一個對稱。物理定律必須有這樣的特性：在量子力學相位的改變不會造成任何影響。

我們剛才說過，在量子力學裡，每一項對稱都有與之對應的守恆律。而量子力學相位對稱所對應的守恆律，似乎就是**電荷守恆**。這真是極有意思的事。

52-4　鏡面反射

　　下一個問題，也就是這一章剩下的部分所要討論的問題，即是在**空間中的反射**之下的對稱性問題。問題是：在鏡面反射之下，物理定律是否對稱？

　　換個方式說就是：假如我們建造了一個儀器，比如說一個時鐘，它有許多齒輪、指針跟一些數字，它可以滴答、滴答運轉計時，裡面有發條可以上緊……。我們來看鏡子裡的這個時鐘，它在鏡子中**看**起來的樣子並不是重點，重點是我們要照著鐘在鏡子裡的模樣，另外**建造**一個完全同樣的時鐘。如果在原來的時鐘內有一根右旋的螺絲釘，那麼在另一個時鐘內相對應之處，我們就用上一根左旋的螺絲釘；鐘面上的「2」，在另一鐘面上變成了「2」；一個時鐘內的發條彈簧往一方向繞，鏡像時鐘內的彈簧則往另一方向繞。建造完成後，我們有了兩個實體的時鐘，兩者就是物體與鏡像的關係，我們要再次強調，它們都是實際物質做成的物體。此時的問題是：如果這兩個時鐘在同樣狀況下啟動，發條上到同樣的緊度，那麼這兩個時鐘，是否就永遠走得就像一個時鐘與它的鏡像時鐘那般呢？（這可是物理問題，不是哲學問題。）我們對物理定律的直覺告訴我們，它們應該**會**一樣。

　　至少對於這個時鐘例子，我們會猜測，空間中的反射，的確是物理定律的一種對稱，在我們把任何東西從「左」轉變成「右」，其他的不動，我們就會分辨不出前後有了差別。讓我們先假定上面所說是真的，那麼我們就無法藉由任何物理現象去區分「左」跟「右」，就像我們無法憑藉物理現象去確定絕對速度。由於物理定律應該具有對稱性，所以我們便應該不可能從任何物理現象，去明確

定義什麼是「左」、什麼是「右」。

當然，世界並不**一定**得是對稱的。比方說，利用我們稱爲「地理」的知識，「右」當然是可以定義的。例如，我們站在紐奧良，面向北方的芝加哥，那麼佛羅里達州是在我們的右邊（我們必須是頭上腳下，直立站著才行！）。所以我們可藉由地理來定義「左」跟「右」。任何系統的眞實情況當然並不一定具有我們所講的對稱性，**定律**是否對稱才是我們關心的問題。換句話說，如果出現另一個地球，其中一切物質，也包括像我們一樣的人們，全是「左撇子」，當他們站在他們的紐奧良，面向他們的芝加哥的時候，他們的佛羅里達州是在他們的左邊，而問題正是這種情況是否**牴觸物理定律**。很顯然，這似乎不是不可能的事，也就是所有的東西從左換成右，並沒有牴觸任何物理定律。

還有一點是，我們在定義「右」這個字眼時，不應該仰仗歷史（英文的右，歷來有「對」跟「正確」的意思）。有個可以分辨左右的簡單方法是，跑到工作間，隨便撿起一根螺絲釘，我們發現上面的螺絲紋路絕大多數是右旋的，雖然並非絕對，但是看到右旋螺絲釘的可能性會遠比左旋螺絲釘大。這是歷史或習慣上的問題，或者事情碰巧就是如此，但這跟基本物理定律並不相干。因爲我們很清楚，當初人們可以一開始就選用左旋紋路！

因此，我們必須設法找出某種自然現象，其中的「右手」會影響到基本性質。下面我們要討論的是一件有趣的事實，那就是偏振光在穿過，比方說糖水時，其偏振面會旋轉。我們在第33章，曾經討論過某種糖的水溶液會使得偏振光右旋。我們甚至利用這件事，來定義何謂「右手」，因爲任何人都可以拿些這種糖溶進水裡，然後定義偏振旋轉方向爲「右」。不過這個實驗所用的糖是從生物身上得來，如果用人工合成的糖，則我們發現偏振面就**不會**旋

轉啦！但如果我們拿這種人工合成、不會使偏振面旋轉的糖水，放些細菌進去（讓細菌吃掉一些糖）後，再濾掉細菌，還有糖剩下來（大約是原來的一半），現在這些糖就會旋轉偏振面，但是旋轉的方向恰好**相反**！這看起來很令人困惑，但其實很容易解釋。

　　再舉一個例子：蛋白質是一切生物身上都有、而且是維持生命不可缺少的物質。蛋白質是由許多胺基酸聯結而成的長鏈分子。圖52-1 中展示的是從蛋白質裡取出來的一種胺基酸的模型，這種胺基酸叫丙胺酸（alanine）。如果我們從任何生物體內的蛋白質，把丙胺酸取出來，它的分子結構會跟圖 52-1(a) 所表示的一樣。但我們若是想法子把二氧化碳、乙烷、氨結合起來，製成丙胺酸（我們**能夠**做到，因為它不是很複雜的分子），就會發現人工做出來的丙胺酸，只有一半是圖 52-1(a) 所示的結構，另一半則是像圖 52-1(b) 所示的形狀！

　　第一種分子，也就是從生物體身上得來的分子，我們稱它為 L-**丙胺酸**。而另一個分子在化學組成上沒有差別，因為它有著同樣種

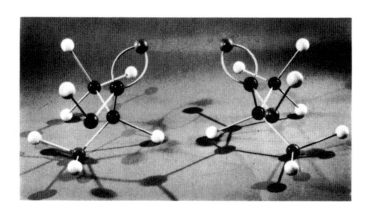

圖 52-1　(a) L-丙胺酸（左），與 (b) D-丙胺酸（右）。

類的原子，以及原子間有著同樣的關係，但相對於「左手」的 L-丙胺酸來說，它是一個「右手」分子，我們把它叫做 D-**丙胺酸**。有趣的地方是，當我們在實驗室用幾樣簡單氣體合成丙胺酸時，得到的是這兩種丙胺酸的等量混合物。但是生物卻僅僅使用 L-丙胺酸。（這個說法並非百分之一百正確，有些生物在特殊的情況下，也偶爾用得上 D-丙胺酸，只是非常罕見。所有的蛋白質都只專用 L-丙胺酸。）

　　所以在我們製造出兩種分子的混合物之後，拿去餵喜歡「吃」或是利用丙胺酸的動物，動物沒法利用 D-丙胺酸，只能利用 L-丙胺酸。就跟前面提過的糖是同樣的情形，在細菌吃掉它們能利用的糖之後，就只有剩下「錯誤」的糖！（左手的糖也有甜味，但與右手的糖不同。）

　　所以看起來，生命現象可以區分「右」跟「左」，或者說化學可以區分，因為這兩種分子的化學性質不同。但並非如此！幾乎所有我們可以測量的物理性質，例如能量、化學反應速率等等，只要測量的時候，其他涉及的事物也都跟前一個情況的鏡面反射一般，我們就無法區分這兩種分子形態。當光線穿過它們的溶液時，會發生相反的旋光現象，一種向左，另一種則向右，而且通過等量的兩種溶液後，旋光的程度又完全相同。

　　因此，以物理觀點來看，兩種胺基酸應該可以畫上等號。依我們目前的瞭解，也就是基於薛丁格方程式（Schrödinger equation）的基本原理，這兩種分子的相應行為，除了一左一右外，應該完全相同。但奇怪的是，只其中一種出現在生命現象中！

　　我們認為這個現象的原因如下：假設，譬如說，在某一時刻某些生物的所有蛋白質帶有「左手」胺基酸，而且所有的酵素都是不對稱的，生物體內的所有分子也都是這樣。所以當消化酵素要把食

物中的化合物轉變成另外一種化合物時，只有一種能夠正好「嵌」進消化酵素裡，另一種分子則不行（就像是灰姑娘與玻璃鞋的關係，只是我們要檢驗的是「左腳」）。

所以就我們所知，原則上，我們能夠製造出一隻青蛙來，其中每一個分子都和正常青蛙的剛好相反，一切都是真實青蛙的「左手」鏡像，那麼我們就有了一隻「左手蛙」。這隻左手蛙只能活一陣子，因為牠找不到可以吃的食物；譬如，牠可以吞下一隻蒼蠅，可是牠肚子裡的酵素並無法消化掉這隻蒼蠅（除非我們給牠一隻「左手蒼蠅」）。不過就我們所知，如果一切都翻倒過來的話，各種化學跟生命過程都會跟正常情形沒有兩樣。

如果生命純粹是物理與化學現象的話，我們可以從一個概念，去理解為什麼如今所有的蛋白質都具有相同的旋轉方向：也許是混沌初開，碰巧出現一些生物分子，而其中少數分子勝出。在某個時刻、某處有一個不對稱的分子，後來「右手分子」在我們這個特殊的地理環境中，由那個不對稱的分子演化了出來；由於一個特殊的歷史事件偏好某個方向，從此這種不對稱就流傳了下來。

一旦生物圈成為目前的狀況，當然這就會持續下去 —— 所有酵素僅能處理右手分子，再製造出右手分子：在植物葉子行光合作用、把二氧化碳和水製造成糖時，由於所用的酵素已經是不對稱的，所以合成出來的分子也就不是對稱的。即使後來才出現的新生物或新病毒，也必須能「吃」既有的生物，始能生存下去，所以這些新生物也必須是同一類的。

右手分子的數目倒不是守恆的。一旦有了右手分子，我們便可以不停的增加右手分子的數目。所以我們推測：生命中一面倒的現象，不能用來證明物理定律缺乏對稱，反而可以證明大自然的普遍性，以及地球上所有生物如上面所描述的那般，全來自同一源頭。

52-5 極向量與軸向量

現在我們要再做進一步的討論。我們在物理學內，看到有許多各種的「右手」跟「左手」定則。事實上，我們之前在學習向量分析時，學到了一些右手定則，以便得到正確的角動量、力矩、磁場等等。

比方說，一個電荷在磁場中運動，所受到的力是 $F = qv \times B$。如果在某個情況下，我們已知道 F、v、B，那麼前面磁力的方程式不是就足以定義出「右手性」嗎？事實上，如果回頭去看看向量是如何來的，可以發現所謂的「右手定則」只不過是個慣例，一項技巧而已。而諸如角動量、角速度、以及類似的東西，其實根本不是向量！它們都以某種方式跟一個平面有關係，而因為空間有三維，我們可以把上述那些量跟垂直於平面的方向拉上關係。其實跟那個平面垂直的方向共有兩個，在這兩個方向之間，我們只是選擇了「右手」的方向罷了。

所以如果物理定律是對稱的，那麼假設有一位精靈偷偷跑進所有物理實驗室，把其中有「右手定則」的所有書籍上的「右」字改變成「左」字，使得我們全面改用「左手定則」，則各種物理定律依然成立。

讓我們看一個實際的例子。向量有兩種，其中一種是「純正」的向量，例如空間中的位移 $\mathbf{r}$。如果在我們的儀器裡面，這裡有一個東西，那裡有另一個東西，那麼在鏡像儀器裡，這兩個東西也各自位於其鏡像位置。如果我們在「這個東西」與「另一個東西」之間，畫上一個向量，鏡子裡當然同樣也出現這個向量的鏡像（圖52-2）。該鏡像向量與原來的向量相比，轉了個方向，好像整個空

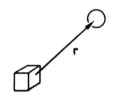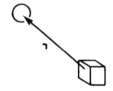

圖 52-2　空間中的位移及其鏡像

間從裡向外都給翻轉了過來；這樣的向量，我們稱為**極向量**（polar vector）。

　　而另一種向量則跟旋轉有關，性質就不同了。比方說，如圖 52-3 所示，在三維空間裡，有某樣東西在旋轉。如果我們去看它的鏡像，所看到的也就跟圖中所畫的那樣在旋轉，亦即原來旋轉的鏡像。這時候若沿用慣例（亦即右手定則），來表示鏡子裡的旋轉，結果我們會得到一個「向量」，但是這個「向量」並**未**像極向量一樣改變方向，而是相對於極向量以及空間幾何顛倒了過來。這類的向量，我們稱之為**軸向量**（axial vector）。

　　如果鏡反射對稱在物理學中成立，則所有的物理定律方程式都

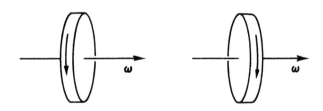

圖 52-3　轉輪跟它的鏡像。請注意，角速度「向量」並未調轉方向。

必須設計成：當我們把所有軸向量及向量外積的正負號都顛倒過來，也就是相當於對這些量做鏡反射變換，則方程式會維持不變。譬如說，我們為了描述角動量而寫下的公式 $L = r \times p$，就合乎這個條件，因為如果把座標系換成左手座標系後，L 的正負號會隨著改變，但是 p 跟 r 的正負號不必改變，然而外積的正負號卻必須改變，因為我們已經從右手定則，改成左手定則了。

　　另外一個例子是：我們知道，在磁場中運動的電荷所受到的力是 $F = qv \times B$。如果我們把右手座標系改為左手座標系，則由於 F 跟 v 都已知是極向量，公式中因外積而不免造成的正負號改變，勢必要由 B 的正負號改變來抵消，這表示 B 必須是軸向量。換句話說，如果我們做鏡反射變換，B 必須變成 $-B$。所以當我們從右手座標系改為左手座標系時，還必須把磁鐵的南、北極掉換過來。

　　現在讓我們看個例子。假如我們有兩根磁鐵，如圖 52-4 所示，外面都繞有線圈。其中一根磁鐵，線圈中的電流朝某一方向流動。而另外那根磁鐵看起來像是第一根磁鐵的鏡像，線圈的繞法剛

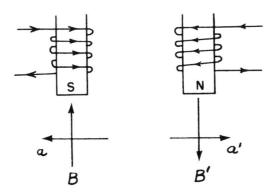

圖 52-4　磁鐵及其鏡像

好相反，線圈中所發生的一切現象都會顛倒了過來，電流一如圖中所示的流動。如此一來，根據線圈電流產生磁場的定律（雖然我們在課堂上還沒正式教到這些定律，但這是我們應該在高中就已經學過了的東西），我們會得到如圖所示的磁場。圖中一根磁鐵的磁極是南磁極，由於環繞另一根磁鐵的電流方向顛倒，以致另一根磁鐵的磁極變成了北磁極。由此可知，當我們從右改變為左時，我們必須把磁場的南、北極對調！

但是各位別太在乎剛才提到的南、北磁極對調，因為所謂的「南極」與「北極」的稱呼，也不過只是一種慣例而已。讓我們接下來討論實際**現象**究竟是怎樣。假如有一個電子移動穿過磁場，方向是往書頁紙張裡面走。在此情況下，如果我們用前面說過的力的公式，也就是 $v \times B$（記住電荷是負值），我們發現這個電子會遵照物理定律，朝著圖上所畫的箭頭方向轉向。所以實際現象是：線圈內的電流往某一方向流動，而電子會以某種方式轉彎。這就是物理！這個現象完全跟我們如何定義「左」與「右」無關。

接下來，讓我們對鏡像裝置做同樣的實驗：我們對著紙面同樣送出一個電子，現在力的方向是反了過來——如果我們用相同的定則來計算，而這是好事，因為所對應的**運動**也恰好是原來電子運動的鏡像！

52-6 哪隻是右手？

實際上，在討論任何現象時，總會有兩個或偶數個右手定則，所以最後結果是該現象看起是來對稱的。簡而言之，如果我們分不清南北，我們也就分不清左右。不過，我們卻又似乎**能夠**分辨出一根磁鐵的北極來，因為一根指南針的北極會指向北方。但那又是一

個可以隨地區而變的性質，與地理學有關；就跟談論芝加哥的方向一樣，所以這不能算是我們可以分辨南北的證據。大家總都見過指南針，大概也注意到，指南針指向北極的一端，一般都塗成藍色。這藍色只是製造指南針的人所塗上的標誌，都是因人而異的慣例而已。

但是假如有朝一日，我們看得夠仔細，而發現磁鐵的北極上會長出細毛，南極卻不會，假如這是普遍的現象，或者如果有**任何**明確的方法，能夠分辨出磁鐵的南、北極，那麼**鏡反射對稱定律就完了**。

為了要把整個問題解說得更清楚，想像我們要透過電話跟火星人或是距離我們非常遙遠的人交談。我們不准將任何真實樣品送給對方察看，譬如說，我們若可以把光傳送過去，我們便能送過去一束右旋的偏振光，同時告訴對方：「請仔細看，這就是我們的右手旋光！」但是我們什麼東西都不能**送**過去，而只能跟他交談。而且對方離我們實在太遠，或者那兒環境很怪異，看不見我們所能見到的一切，譬如，我們不能告訴對方說：「請抬頭看大熊座，看清楚裡面恆星的位置，我們這邊所謂的右，就是……」我們只被允許用電話交談。

我們首先要告訴對方我們這邊的情況。當然，我們得從定義數字開始，於是說：「答、答，二。答、答、答，三……」多次交談之後，對方終於逐漸懂得幾個單字，等等。過了一陣子，我們漸漸跟這位仁兄變得非常熟悉了，他開口問：「你們是什麼模樣呢？」我們便開始描述自己說：「我們是六英尺高。」他馬上打岔：「等等！什麼是六英尺？」

有沒有辦法可以告訴他，什麼是六英尺呢？當然有！於是我們接著說：「你總該知道氫原子的直徑吧，我們的身高大約是等於把

17,000,000,000 個氫原子疊起來的總高度！」這種辦法之所以行得通，因為在尺度變換之下，物理定律並不是維持不變的，因此我們**能夠**定義一個絕對長度。

於是我們定義了人體的尺寸，以及大概形狀，說明人體有四肢，每根肢體末端長著五根外伸的指頭等等。對方也都能瞭解，如此大致把人體外形描述完畢，沒有遇到什麼特殊的困難。對方甚至邊聽邊照我們所說的，製作模型。他說：「嗳呀！你們長得可真不賴！可是你們身體裡面又是什麼樣子？」

所以，我們又開始逐一介紹人體裡面的各個器官，當介紹到了心臟，在詳細描述它的形狀之餘，我們說：「這心臟的位置是在身體的左邊……」對方就回說：「嗯，左邊？」現在麻煩可大了，要如何告訴他心臟在哪一邊，而在對方又從沒看過我們已經看過的任何東西，而且我們又不許寄任何樣品過去，讓他知道我們所說的「右」是什麼意思，對方完全沒有我們定義為「右手性」的物體。我們真能夠回答他的問題嗎？

52-7 宇稱不守恆！

我們知道，重力定律、電跟磁的定律、核力，都滿足鏡反射對稱原理。所以，這些定律以及任何由它們推導出來的東西，都沒有左右之分，對於我們的問題不能派上用場。但是有一個稱為 β **衰變**或**弱衰變**的現象，跟許多自然界基本粒子有關，給了我們一個巧妙方法。

有一個弱衰變的例子，它涉及了一個在 1954 年才發現的新粒子，這個特殊的衰變成為非常困惑人的難題。有某一種帶電粒子會衰變成三個 π 介子，如圖 52-5 所示。這種基本粒子有一陣子被稱

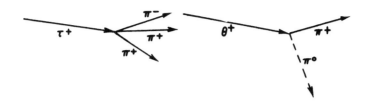

圖 52-5　τ^+ 介子與 θ^+ 介子衰變的示意圖

爲 τ 介子。在圖 52-5 裡，我們也看到了另一種會衰變成**兩個** π 介子的粒子，從電荷守恆的觀點上衡量，當中一個 π 介子勢必是電中性才行。這種會衰變成兩個 π 介子的粒子稱爲 θ 介子。所以有一個 τ 介子，會衰變成三個 π 介子；另有一個 θ 介子，會衰變成兩個 π 介子。不久之後，有人發現 τ 介子跟 θ 介子的質量幾乎相等；事實上實驗誤差之內，這兩個粒子的質量是相等的。其次又發現它們各自衰變爲三個 π 介子和兩個 π 介子的時間也幾乎完全一樣，也就是它們的壽命相同。又接著發現它們產生時，總是以一定的比例出現，比如 τ 介子占了 14%，θ 介子占了 86%。

　　任何用點腦筋的人都會馬上想到它們一定是同一種粒子，我們只是製造了一個有兩種衰變方式的粒子，而不是兩個不同的粒子。就是因爲它們是同一種粒子，才會具有同樣的壽命跟產生比例（因爲這只是這兩種衰變模式出現的機率比值而已）。

　　但是我們根據量子力學的鏡反射對稱性，可以證明（只是我們完全無法在此處解釋**如何**證明），這兩種衰變**不可能**來自同一種粒子——同一種粒子**不能**有這兩種不同的衰變方式。對應到鏡反射對稱的守恆律純然是一種量子概念，在古典物理中找不到類似的東西，這種量子力學守恆稱爲**宇稱守恆**（conservation of parity）。換句

話說，這兩種粒子不可能相同的說法，是根據宇稱守恆所得到的結論。更精確的說，由於弱衰變的量子力學方程式，在鏡反射變換下仍維持不變，因此同一種粒子絕不可能有這兩種不同的衰變方式，所以，它們應只是碰巧有著相同的質量、相同的壽命而已。

　　然而，我們愈研究這個問題，就愈覺得這個巧合實在不尋常，因而不由得使人逐漸懷疑，也許大自然深奧的鏡反射對稱性可能出了問題？

　　為了釐清這個明顯的矛盾，物理學家李政道和楊振寧建議用其他實驗去研究相關的衰變，以檢驗鏡反射對稱在其他情況是否也成立。哥倫比亞大學的吳健雄女士率先做了一個這種實驗，她的實驗是這樣的：在非常低的溫度下，利用一個非常強的磁鐵，而由於有一種特殊的鈷同位素原子帶有磁性，而且這種鈷同位素會發生弱衰變，發射出一個電子，如果溫度夠低，能夠避免原子間的熱振盪使原子磁體晃動得太厲害，這些鈷原子磁體就會乖乖的在強磁場裡排列起來，也就是這些鈷原子磁體的北極都會順著磁場的方向。然後它們衰變，發射出電子。吳健雄的實驗結果顯示，當這些鈷原子排列在一個 **B** 向量朝上的磁場裡時，發射出來的電子大多數都是方向朝下，跟 **B** 相反。

　　對於一個不太熟知自然世界的人來說，這個實驗結果聽起來沒有什麼意思。但凡是對這世界所發生的問題及有趣事物有些瞭解的有心人，都知道這是一件最具戲劇性的重要發現：我們把鈷原子放在超強磁場裡面，鈷原子衰變發射出的電子，往下射出的比往上射出的多。因此，假如我們能夠跑到鏡子裡面去做同樣的實驗，鈷原子的排列應呈相反的方向，於是它們多半會把電子往**上**射出，而不是向**下**射出。這個衰變現象對於鏡反射而言是**不對稱**的。**磁極上真長出毛來啦**！ β 衰變過程所產生的電子，有避開磁鐵南極的傾向，

由此我們終於找到一個物理上的辦法，可以區分南、北兩極了。

在這之後，其他科學家又做了許多類似實驗：如 π 介子衰變成 μ 介子與 ν 微中子，μ 介子衰變成一個電子與兩個微中子，Λ 衰變成質子與 π 介子，Σ 的衰變，以及其他很多衰變。事實上，幾乎所有的實驗都如同預期，**不遵守鏡反射對稱**！在物理最基本的層次上，鏡反射對稱定律是不成立的。

總之，我們能夠回答外星人關於心臟要放在哪邊的問題了，我們可以說：「聽好了！去建造一個磁鐵，繞好線圈，通上電流，拿些鈷元素來，把溫度降低。安排好實驗，以便讓鈷元素發射出來的電子，方向大多是從你的腳趾奔向你的頭。這時檢查電流的方向，電流進入線圈的方向，就是我們所謂的右邊，而出來的方向就是左邊。」所以只要進行這個實驗，就能定義左與右了。

此外物理學家還預測了許多其他結果。譬如，我們發現鈷原子核的自旋（spin），即角動量，在衰變之前是 5 單位的 $\hbar$，衰變之後變成 4 單位。而電子也帶有自旋角動量，此外還涉及一個微中子。我們從以上這些結果可以很容易知道，電子的自旋角動量的指向應該與它的運動方向相反，微中子也是如此。因而看起來電子應該是向左自旋，這跟實驗結果也相互吻合。事實上，這項實驗證明工作，就是由我們加州理工學院的貝姆（Felix Boehm）和韋普斯特拉（Aaldert Wapstra）所做的，他們發現大多數電子都是左旋。（有其他實驗得到相反的結果，但那些實驗是錯的！）

下一個問題，當然就是找出來宇稱守恆失效的定律。什麼定則告訴我們，這守恆失效的程度有多強烈？我們所發現的定則是這樣的：這種宇稱不守恆現象似乎僅只發生在一些非常緩慢的、叫做弱衰變的反應中。而且當它發生時，凡是從反應中產生的帶自旋粒子，如電子、微中子等等，都有左旋的趨向。它是一個偏向一邊的

定則，它把極向量速度跟軸向量角動量連結起來，而且說自旋角動量比較喜歡逆著速度的方向，不太喜歡跟速度同向。

以上就是目前所知的定則，但是我們還不真正瞭解其中原委。**為何**這個定則是正確的？它的根由是什麼？它跟其他事物有何關聯？目前弱衰變沒有鏡反射對稱這件事，還讓我們震撼不已，所以我們還無法去瞭解它對於其他物理定則的意義。

不過，由於這個議題非常有趣、很新穎、又尚未解決，所以看來我們應當再討論一些跟它相關的問題。

52-8 反物質

一旦發現有某種對稱其實不能成立之後，第一件該做的事就是，馬上回去檢查所有已知或假定有的對稱，看看是否有其他對稱也出錯了？

在已知的對稱清單中，有一項我們到現在都還沒有提及，但它必須受到質疑，那就是物質與反物質的關係。狄拉克（Paul Dirac）預測，在電子之外還另有一種粒子，叫做正子（positron）〔後來由加州理工學院的安德森（Carl Anderson）發現〕，它和電子密切相關。所有這兩種粒子的性質，都遵守一些相對應的定則：雙方的能量相等、質量相等、但電荷相反，但最重要的一點是：它們兩個一旦相遇，就能互相毀滅，而把全部的質量以能量形式釋放出來，例如成為 γ 射線。我們稱呼正子為電子的**反粒子**，而以上所列性質就是粒子與反粒子之間的特性。

根據狄拉克的論證，世上一切基本粒子都應該各自有其反粒子。譬如說，世界上既然有質子，就應該有反質子，現在我們把反質子的符號寫為 $\bar{p}$。$\bar{p}$ 會帶負電荷，質量跟質子的一樣等等。然而

最重要的特性就是，質子與反質子一旦碰上了，就能互相毀滅，全部化爲能量。

我們之所以再三強調這個特性，是因爲當我們說中子之外還有反中子存在時，許多人便不能理解，他們會問：「中子本身是電中性，怎麼**可能**會有個跟它電荷相反的反粒子呢？」定則中這個「反」字代表的，不光只是電荷相反而已，它還包含著一整套的性質，其中全部都相反。中子跟反中子可以這麼區分：如果我們把兩個中子放置到一塊兒，它們仍舊維持爲兩個中子。但是如果我們把一個反中子跟一個中子放在一起，它們就會互相消滅，釋放出很多能量以及各種 π 介子、γ 射線之類的東西。

原則上，在有了反中子、反質子、反電子之後，我們就能夠製造出反原子。雖說我們還沒這麼做過，但原則上是可能的。比方說，一個氫原子的中心有一個質子，外面繞著一個電子。現在想像，我們可以在某個地方製造出一個反質子，外面圍繞著一個正子，這個正子也會持續在外邊繞圈子嗎？嗯，首先，反質子的電荷是負的，正子的電荷是正的，所以它們會吸引彼此，就像質子與電子那樣，而且由於正反粒子質量都相等，所以一切現象應該完全一樣才對。物理學的對稱原理之一就是（方程式也似乎如此顯示），以反物質建造的時鐘，跟用普通物質建造的時鐘，運轉起來不會有什麼不同。（當然如果這兩個時鐘放在一塊兒，它們會彼此毀滅，但那是另一回事。）

不過，這馬上會引發一個問題。我們可以用物質製造出兩個時鐘，一個「左手」鐘跟一個「右手」鐘。譬如說，我們故意用複雜的方式製造時鐘，利用一些鈷元素、磁鐵跟一個專門用來偵察和計數 β 衰變電子的電子偵測器。每當它測到一個電子，時鐘的秒針就移動一格。如此一來，接收到較少電子的鏡像時鐘，走的速度就不

一樣。所以我們可以製造出一對不會同樣運轉的左手鐘跟右手鐘。

　　現在就讓我們用物質，以這種方式，製造出一個所謂的右手時鐘，然後又依樣畫葫蘆，用物質打造一個左手時鐘。我們才剛剛發現，一般而言，這兩個時鐘走得**不**一樣快；在吳健雄那個震驚世界的物理實驗之前，我們還以爲這兩個時鐘的運作會一樣。

　　而如今我們又認識到物質與反物質是等效的東西。所以如果我們用反物質，按照原來右手時鐘的模樣，製造一個反物質右手時鐘，則它應該跟物質右手時鐘走得一樣。同理，反物質左手時鐘也應該跟物質左手時鐘走得一樣。換句話說，一開始，大家都相信，這**四個**時鐘都應該是一樣的。但現在我們知道，右手時鐘跟左手時鐘走的速度不同。因此，反物質左手時鐘也當然應該跟反物質右手時鐘不同。

　　那麼一個顯然的問題就出現了，那就是誰跟誰會是一對？還是全都對不起來？換句話說，是右手時鐘跟反物質右手時鐘走的速度一樣呢？還是右手時鐘跟反物質左手時鐘走的速度一樣？如果我們去做衰變出正子而非電子的 β 衰變實驗，結果是，這四個時鐘是交叉對應的，也就是右手時鐘跟反物質左手時鐘走的方式相同，左手時鐘跟反物質右手時鐘走法相同。

　　因此，轉了一個大圈圈之後，我們終於又證明，左跟右的對稱其實還是成立的！如果我們依照物質右手時鐘，打造一個它的鏡面反射時鐘（即所謂左手時鐘），且所用的材料是反物質的話，則這兩個時鐘的運轉會完全一致。所以結果就是，我們原先有的兩個獨立對稱定則，現在把它們合而爲一，成爲一個新的定則：一般物質的右邊，跟其反物質的左邊是互相對稱的。

　　所以如果我們的外星人朋友是反物質做的，依照我們告訴他的指示，對方做出「正確」（或右手）的，和我們一樣的模型之後，

結果卻會適得其反。在我們跟外星人朋友長期通話之後，互相交換了如何製造太空船的最新科技，然後相約兩地中途的太空中見個面，又會發生什麼事？當然我們會告知對方，彼此的傳統之類的事情，所以兩邊都知道見面時要握手致意。好了，見面的一刻終於來臨，對方伸出來的卻是左手，那麼你就得特別小心了！

52-9 失稱

下一個問題是，我們如何去解釋那些**幾乎**對稱的物理定律呢？幸好在物理世界裡，有一大堆重要的強現象，例如各種核力、電力現象，甚至比較弱的現象，如重力等等，所有這些現象的定律，似乎全是對稱的。

但是在另一方面，仍然有一些物理現象跳出來說：「啊不！並非所有定律都是對稱的！」大自然爲什麼只是幾乎完全對稱，但卻並非完全對稱？這裡面是否有什麼玄機呢？我們還有任何其他非對稱的例子嗎？答案是我們眞的還有，並且有好幾個。譬如說，質子與質子、中子與中子、中子與質子之間的核力，是完全相同的。也就是核力有對稱性（這個對稱性我們還未提出來討論過，我們能夠把原子核的中子與質子交換，而不影響核力）。但是很顯然，這種對稱不是一種一般性的對稱，因爲兩個質子之間，有著互相排斥的電力，但中子之間並沒有這種電力。所以我們並非**總是**可以用中子去取代質子，因而核力對稱充其量只能說是相當不錯的近似而已。爲什麼說它相當**不錯**呢？因爲核力遠比電力強大。所以這種對稱，也只是「幾乎完全」的對稱。這就是一例。

在我們心目中有個傾向，認爲對稱就代表某種完美。正好像古希臘人普遍認爲，只有正圓才夠完美。對他們來說，相信行星軌道

　　不是正圓,而只是很接近正圓,是很不應該的事。從正圓到接近正圓,並非小事一樁,對人的心靈來說,這是革命性的改變。

　　正圓亦唯其是正圓時,才能標榜完美與對稱。一旦有一絲一毫的變形,它就只能跟完美與對稱說再見了。在此情況下,問題就轉成爲何只是**幾乎**是個圓——這是個相當困難的問題。行星運動一般說來,應該是個橢圓形,但是經過長久以來潮汐力等等的作用,軌道漸漸變得幾乎是對稱。從正圓的觀點看,由於它們是完美的圓,所以不需要再去解釋,這樣就很簡單。但是既然它們僅幾乎是圓,所以就有很多需要解釋的事。然而後來發現,這是一個麻煩的動力學問題,因此我們的問題變成,如何從潮汐力及其他因素去解釋軌道何以幾乎是對稱的這件事。

　　我們的問題是解釋,這些對稱究竟源自何處?爲什麼大自然是如此接近對稱?沒有人知道眞正原因,唯一我們可以想到的是:日本的名勝地日光有一座門樓,很多日本人認爲,它是全日本最漂亮的一座門樓。在建築這門樓的年代,日本受到中國藝術的影響很大,門樓建造得非常精緻,有許多山形牆及漂亮的雕刻,許多柱子上刻著龍頭和人物。但你若是靠近仔細觀察,就會發現在一根柱子上,精緻複雜的雕刻設計裡面,有一個很小的圖案,居然上下顚倒,除此之外,整座門樓是完全對稱的。有人問爲什麼會這樣,相傳是人們刻意弄了這個顚倒的圖案,以免神明嫉妒人的完美。人們故意在這裡犯錯,免得神明嫉妒而遷怒人類。

　　我們不妨把這個想法倒過來看:大自然近乎對稱的眞正原因是,上帝只把物理定律造得近乎對稱,以免我們嫉妒上帝的完美!

中英、英中對照索引

說明：

1. 索引中頁碼前方的 (1)、(2)、(3)、(4)、(5)、(6)，代表詞條分別屬於第 I 卷的第 1 冊《基本觀念》、第 2 冊《力學》、第 3 冊《旋轉與振盪》、第 4 冊《光學與輻射》、第 5 冊《熱與統計力學》、第 6 冊《波》。

2. 頁碼後若有 f，表示詞條出現於自該頁碼開始，以及之後的幾頁中。

The Feynman 閱讀筆記

閱讀筆記

The *Feynman* 閱讀筆記

國家圖書館出版品預行編目資料

費曼物理學講義. I, 力學、輻射與熱. 6：波 / 費曼 (Richard P. Feynman), 雷頓 (Robert B. Leighton), 山德士 (Matthew Sands) 著；田靜如, 師明睿譯. -- 第二版. -- 臺北市：遠見天下文化, 2018.04

面；　公分. --（知識的世界；1221）

譯自：The Feynman lectures on physics, new millennium ed., volume I

ISBN 978-986-479-429-4（平裝）

1. 物理學

330

107005791

知識的世界 1221

費曼物理學講義 I——力學、輻射與熱
(6) 波

原　　著／費曼、雷頓、山德士
譯　　者／田靜如、師明睿
審 訂 者／高涌泉
顧 問 群／林和、牟中原、李國偉、周成功

總編輯／吳佩穎
編輯顧問／林榮崧
責任編輯／徐仕美　特約校對／楊樹基
美術編輯暨　面設計／江儀玲
插圖繪製／邱意惠（圖 48-4、圖 49-1、圖 51-11）

出 版 者／遠見天下文化出版股份有限公司
創 辦 人／高希均、王力行
遠見・天下文化 事業群榮譽董事長／高希均
遠見・天下文化 事業群董事長／王力行
天下文化社長／林天來
國際事務開發部兼版權中心總監／潘欣
法律顧問／理律法律事務所陳長文律師　著作權顧問／魏啟翔律師
社　　址／台北市 104 松江路 93 巷 1 號 2 樓
讀者服務專線／（02）2662-0012　　　傳真／（02）2662-0007；2662-0009
電子信箱／cwpc@cwgv.com.tw
直接郵撥帳號／1326703-6 號 遠見天下文化出版股份有限公司

電腦排版／極翔企業有限公司
製 版 廠／東豪印刷事業有限公司
印 刷 廠／中康彩色印刷事業股份有限公司
裝 訂 廠／中原造像股份有限公司
登 記 證／局版台業字第 2517 號
總 經 銷／大和書報圖書股份有限公司　電話／（02）8990-2588
出版日期／2011 年 08 月 31 日第一版第 1 次印行
　　　　　2023 年 11 月 10 日第二版第 6 次印行

定　　價／350 元
原著書名／THE FEYNMAN LECTURES ON PHYSICS : The New Millennium Edition, Volume I
by Richard P. Feynman, Robert B. Leighton and Matthew Sands
Copyright © 1963, 2006, 2010 by California Institute of Technology,
Michael A. Gottlieb, and Rudolf Pfeiffer
Complex Chinese translation copyright © 2011, 2013, 2016, 2017, 2018 by Commonwealth
Publishing Co., Ltd., a member of Commonwealth Publishing Group
Published by arrangement with Basic Books, a member of Perseus Books Group
through Bardon-Chinese Media Agency
博達著作權代理有限公司
ALL RIGHTS RESERVED

ISBN: 978-986-479-429-4（英文版 ISBN: 978-0-465-02493-3）

書號：BBW1221

天下文化官網　bookzone.cwgv.com.tw